Christian Griesche • Hans Otzen

Bäume
in und um
Bonn

EDITION
LEMPERTZ

StadtMuseum

Bonn

03 04 2022

3,99

Impressum

Mathias Lempertz GmbH
Hauptstr. 354
53639 Königswinter
Tel.: 02223 / 900036, Fax: 02223 / 900038
info@edition-lempertz.de
www.edition-lempertz.de

Fotos und Text: Christian Griesche, Hans Otzen
Vorwort: Dr. Horst-Pierre Bothien (Stadtmuseum Bonn)
        Für seine freundliche Unterstützung danken wir ihm.
Lektorat: Sarah Petrovic
Umschlagentwurf: Ralph Handmann
Cover-Motiv: RalfenStein © fotolia
Satz und Layout: Ralph Handmann

Printed and bound in Israel

ISBN: 978-3-941557-53-6

Bildnachweis

Wir danken Herrn Dr. Wolfram Lobin vom Botanischen Garten in Bonn-Poppelsdorf für die freundliche Genehmigung der Bildnutzung.

S.8: Schutzgemeinschaft
    Deutscher Wald
S.14: Claudius Bäuerle
S. 17: russel witherington © fotolia
S. 64: Alexey Arkhipov © fotolia
S. 76/77: RalfenStein © fotolia
S. 77, kl.: jerome ferron © fotolia
S. 94: Aurelien Pottier © fotolia
S. 106: Jan Herm Janssen
S. 114: Jürgen Hust © fotolia

S. 125: Uwe Wittbrock © fotolia
S. 128: Vaide Seskauskiene © fotolia
S. 128: Vaide Seskauskiene © fotolia
S. 133: thepoeticimage © fotolia
S. 146: , bdesveaux © fotolia
S. 176: kai-creativ © fotolia
S. 177: ,ezechiel © fotolia
S.203: Dr. Michael Hassler
S. 212: Dynamic Arts © fotolia
S. 214: Xiadong Yo © fotolia

Inhalt

Vorwort

Wer bewusst durch Bonn geht, der wird überall schöne Bäume oder Baumensembles bemerken. Hervorzuheben sind die eindrucksvollen Baumpersönlichkeiten in den vielen Bonner Parks und Gartenanlagen – etwa dem Hof- und Stadtgarten, dem Botanischen Garten, dem Bad Godesberger Stadt- und Redoutenpark oder dem Oberkasseler Bürgerpark und Arboretum. Ganz zu Schweigen von unserem Kottenforst, einst kurfürstliches Jagdrevier, heute großer Naturpark südwestlich von Bonn.

Aber der Blick sollte auch den vielen Einzelbäumen gelten, die überall in Bonn und seinen Ortsteilen zu entdecken sind: Etwa dem Kessenicher Mammutbaum an der Ecke Bonnertalweg/ Reuterstraße, der Esskastanie im Baumschulwäldchen, der Rosskastanie zwischen Küdinghoven und Pützchen … .

Das Stadtmuseum Bonn wird sich dem Thema „Bonner Bäume" in zwei Teilausstellungen widmen. Ein erster Teil, der ab dem 8. Mai 2010 zu sehen sein wird, beschäftigt sich mit „Historischen Bäumen", also Bäumen, die schon vor hundert Jahren die Bonnerinnen und Bonner in den Bann zogen. Gezeigt werden Baumfotos aus der Vorkriegszeit – aus den Jahren 1913 bis 1938. Sicherlich nur wenige Bonnerinnen und Bonner werden noch die „Stelzen-Akazie" im Tannenbusch gesehen haben, die 1939 der Axt zum Opfer fiel; viele erinnern sich dagegen noch an die steinalten Ulmen an der Köln-

straße, wovon die letzten 1981 gefällt werden mussten.

Eine zweite Ausstellung im Mai 2011 wird sich mit den gegenwärtigen Baumpersönlichkeiten beschäftigen. Dabei wird es nicht nur darum gehen, botanisch besonders eindrucksvolle Bäume hervorzuheben, sondern es werden auch kulturgeschichtliche Hintergründe aufgehellt. Ein „Bonner Baumführer" wird die Ergebnisse zusammenfassen und dem botanisch und historisch Interessierten Spaziergänge zu vielen Standorten Bonner Bäume in den verschiedenen Stadtteilen anbieten.

Das vorliegende Buch von Christian Griesche und Hans Otzen stößt das Thema „Bonner Bäume" an. Es bietet einen guten Einblick in die Bonner Baumlandschaft und zeigt auf, wie interessant und eindrucksvoll das Thema sein kann. Dem Buch ist ein Erfolg zu wünschen – allein auch schon deshalb, weil es einen Beitrag dazu leistet, das Thema „Bäume in unserer Stadtlandschaft" mehr ins öffentliche Bewusstsein zu rücken.

Horst-Pierre Bothien
(Stadtmuseum Bonn)

Was ist ein Baum?

Wenn wir uns mit dem reizvollen Thema „Bäume in und um Bonn", ihrer Botanik sowie ihrer geschichtlichen und kulturellen Bedeutung beschäftigen wollen, so müssen wir zunächst einmal wissen, was Bäume überhaupt sind.

Im Unterschied zu Sträuchern und anderen Pflanzen zählen Bäume zu den holzigen Samenpflanzen mit dominierendem Stamm und einer Krone aus beblätterten Zweigen. Das besondere Merkmal des Stammes ist sein sekundäres Dickenwachstum, das heißt, er nimmt im Laufe seines Wachstums an Durchmesser zu. Bäume haben eine Mindestgröße von sechs Metern, können aber auch über 100 Meter hoch und über 5.000 Jahre alt werden.

Zu den Bäumen zählen einerseits nacktsamige Pflanzen (*Gymnospermae*), deren Samenanlagen nicht in einen Fruchtknoten eingeschlossen sind. Sie stellen urtümliche Wuchsformen dar. Andererseits gibt es bedecktsamige Pflanzen (*Angiospermae*), deren Samenanlagen in einem Fruchtknoten eingeschlossen sind.

Zu den Nacktsamern zählen die Ginkgopflanzen mit nur noch einer Art (*Ginkgo biloba*) und die Nadelholzgewächse mit 365 Arten. Des Weiteren zählen beispielsweise auch noch die Palmfarne dazu, die zwar einen holzigen Stamm ausbilden, aber kein sekundäres

Dickenwachstum aufweisen. Bei den mitteleuropäischen Nadelbäumen handelt es sich um Kiefern, Tannen, Fichten, Eiben, Lärchen und Wacholder, die längst wieder heimisch gewordenen Douglasien sowie Lebensbäume. Sie tragen einnervige Blätter in Form von Nadeln oder Schuppen.

Zu den Bäumen zählen aber neben den Nadelbäumen im Wesentlichen die zu den *dikotylen Angiospermen* gehörenden Laubbäume, deren Samenanlage von einem Fruchtblatt umhüllt ist und deren Samen beim Keimen zwei Keimblätter tragen. Als mitteleuropäische Arten sind dies Ahorne, Erlen, Birken, Hainbuchen, Weißdorne, Buchen, Eschen, Pappeln, Ilex, Äpfel, Kirschen, Mehlbeeren, Birnen, Eichen, Weiden, Linden und Ulmen.

„Moderne" Bäume, wie wir sie heute kennen, verfügen im Gegensatz zu ihren entwicklungsgeschichtlichen Vorläufern über differenzierte Blattorgane. Diese entspringen verzweigten langen und kurzen Seitentrieben, den Ästen und Zweigen, die wiederum dem Stamm entspringen. Äste und Zweige verlängern sich alljährlich durch Bildung von Knospen und verholzen im Lauf der Zeit, wobei sie an Umfang zunehmen und die Krone ausbilden. Den Abschluss der Triebe bilden die Blätter als Organe mit beschränktem Wachstum, die in den gemäßigten Breiten von den meisten Bäumen im

Herbst abgeworfen werden und die sich im Frühjahr wieder neu entwickeln. In den wärmeren Breiten werden dagegen die Blätter sukzessive das ganze Jahr über gewechselt. Bei den Bäumen dominieren im Gegensatz zu den Sträuchern die Endknospen über die Seitenknospen. Dadurch bildet sich einerseits der für den Baum so typische Haupttrieb (= Stamm) heraus. Andererseits entsteht aus der Folge von Trieben, deren Rangordnung, Länge und Ansatzwinkel der Kronenraum. So gliedert sich der Vegetationskörper des Baumes in Wurzel, Stamm und Krone.

Laubbäume – Nadelbäume

Das Blatt ist ein Organ der Bäume, mit dem sie die Photosynthese zum Aufbau organischer Stoffe mit Hilfe von Licht und Transpiration für die Nährstoffaufnahme und den Nährstofftransport betreiben. Blätter treten in Form von Laubblättern und Nadelblättern auf.

Zu den Laubbäumen gehören über 60 verschiedene Familien der bedecktsamigen Pflanzen (*Angiospermae*), bei denen die Samenanlagen im Fruchtknoten eingeschlossen sind. Nach der Bestäubung wandelt sich der Fruchtknoten durch die Samenreife zur Frucht um. Mit Ausnahme einiger weniger Gruppen (z.B. Palmen) zählen alle Laubbäume zu den

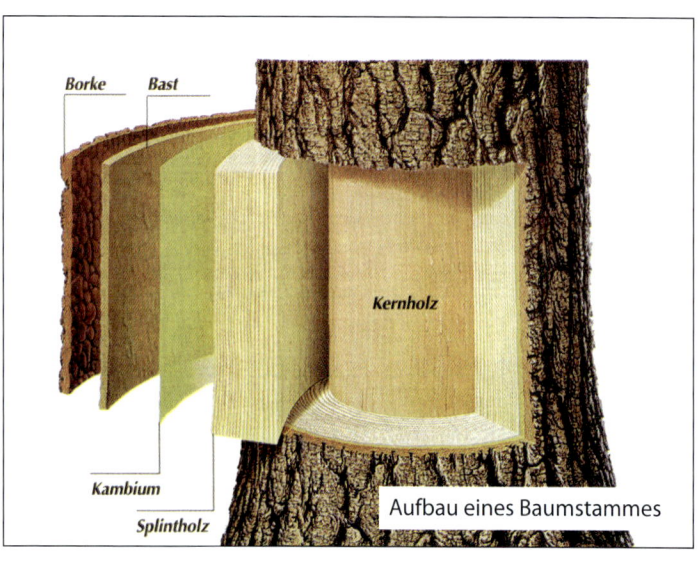

Borke Bast

Kernholz

Kambium

Splintholz

Aufbau eines Baumstammes

Der Stamm ist eines der Wesensmerkmale eines Baumes. Er stellt kein einheitliches Gebilde dar, sondern setzt sich aus mehreren Schichten zusammen.

Borke

Die auch Borke genannte äußere Rinde eines Baumstammes schützt den Baum vor den Gefahren der Außenwelt, gegen UV-Strahlung, Hitze, Kälte, Pilz- und Insektenbefall und nicht zuletzt auch vor mechanischen Schäden. Sie erneuert sich ständig, hält Regenwasser ab und verhindert zu hohe Verdunstung bei Sonneneinstrahlung.

Bast

Die auch Bast genante innere Rinde stellt die Versorgungsleitung des Baumes dar. Der Bast ist das lebende Gewebe unter der Borke, durch den in Wasser gelöste Nährstoffe in die übrigen Baumteile transportiert werden. Diese innere Rinde lebt nur relativ kurze Zeit, stirbt danach ab, verwandelt sich in Kork und wird schließlich Teil der Borke.

Kambium

Zwischen der Bastschicht und dem Holz befindet sich die dünne Zellschicht des Kambiums. Sie ist der eigentliche wachsende Teil des Baums. Diese Wachstumsschicht bildet durch sekundäres Dickenwachstum nach innen Holz und nach außen Bast.

Gesteuert wird der Wachstumsvorgang durch Hormone, die von den Blattknospen der Zweigspitzen erzeugt werden, sobald diese im Frühjahr zu treiben beginnen.

Splintholz

Das Splintholz ist junges, physiologisch aktives Holz, dessen Kapillaren Wasser und Nährstoffe in den Kronenraum leiten. Mit zunehmendem Alter, in dessen Verlauf immer neue Splintholzringe gebildet werden, verlieren die inneren Zellen des Splintgewebes an Lebenskraft und verwandeln sich in Kernholz.

Kernholz

Kernholz bildet als innerer Teil die zentrale und stützende Säule des Baumes. Obwohl es selbst tot ist, zerfällt es doch nicht, sondern behält seine tragende Kräfte, solange die äußeren Schichten noch leben. Es besteht aus einem System von Zellulosefasern, die durch das in die Zellwand eingelagerte Lignin zusammengehalten werden und dadurch dem Holz seine außerordentliche Stabilität verleihen. Dabei ist Lignin, ein dreidimensionale Makromoleküle bildender chemischer Grundstoff, vor allem für die Druckfestigkeit des Holzes von zentraler Bedeutung, während die eingelagerten Zellulosefasern seine Zugfestigkeit gewährleisten.

Dikotyle genannte zweikeimblättrige Pflanzen (*Dicotyledoneae*). Die Samen der Laubbäume sind in der Frucht eingeschlossen. Ihre vielgestaltigen Blätter besitzen im Gegenzug zu denen der Nadelbäume eine breitflächige Blattspreite. In den mitteleuropäischen Breiten herrschen die sommergrünen Laubbäume vor, es gibt aber auch immergrüne wie zum Beispiel die Stechpalme *(Ilex aquifolium)*. Der herbstliche Blattfall ist eine Abwehrmaßnahme der Bäume, denn über die Blätter würde Wasser verdunstet, das sie wegen des gefrorenen Bodens und der als Schnee fallenden Niederschläge nicht ersetzen können.

Nadelbäume, die übrigens stammesgeschichtlich älter als Laubbäume sind, gehören zur Familie der nacktsamigen Pflanzen (*Gymnospermae*). Bei diesen Nacktsamern werden die Samenanlagen nicht in einem Fruchtknoten eingeschlossen. Sie sitzen offen an den Samenschuppen. Sie bilden demnach keine Früchte aus. Die weiblichen Blüten entwickeln sich meist zu holzigen, verschiedengestaltigen Zapfen. Die Bestäubung der Nadelbäume erfolgt nur durch den Wind – im Gegensatz zu den Laubbäumen, die auch durch Tiere bestäubt werden können. Ihre Blätter sind nadel- oder schuppenförmig wie etwa beim Lebensbaum. Auch Nadelbäume werfen ihre Nadeln ab, aber sie überdauern bis zu zehn Jahre am Baum. Dann fallen sie nach und nach ab, immer in der Reihenfolge der natürlichen Alterung, und neue Nadeln wachsen gleichzeitig nach. Deshalb sind Nadelbäume das ganze Jahr über grün. Einzig die Lärche wirft alle Nadeln alljährlich im Herbst ab, die sich vorher prächtig gelb verfärben. Im Frühjahr wachsen der Lärche dann neue Nadeln. Um Feuchtigkeitsverluste zu vermeiden, haben Nadeln eine feste Oberhaut, darüber oft noch eine schützende Wachsschicht. Wenn im Winter das Wasser gefroren ist und nicht über die Wurzeln aufgenommen werden kann, verhindert diese Schicht, dass die Bäume austrocknen. Deshalb können sie ihre Nadeln behalten.

Streuobstwiese an der Burg Lüftelberg

Wie Bäume entstanden

Vor lauter Bäumen sieht man den Wald nicht, heißt es in einem geflügelten Sprichwort. Und in der Tat, das uralte Ökosystem Wald existiert seit mindestens 400 Millionen Jahren. Als das Erdalter des Silur zu Ende ging, erschienen die ersten Pflanzen an Land, die bisher nur in den Urmeeren in einfachen Formen bestanden. Und selbst bis dahin hatte deren Entwicklung schon unvorstellbare Zeiträume gebraucht. Feste Zellzusammenschlüsse mit dem Stabilisierungsstoff Lignin und dem Wachstumsstoff Cutin, dazu Spaltöffnungen für die Wasserverdunstung bestimmten ihr Leben, das meist nur kurze Zeit dauerte. Erste Vegetationen vergingen und mischten sich mit anorganischen Materialien. Daraus bildete sich Boden. Auf ihm konnten sich Urpflanzen ansiedeln, die auf diesem Boden viel besser das direkte Sonnenlicht ausnutzen und Wasser aufnehmen konnten. Aus der Konkurrenz der entstehenden Landpflanzenzellen wurden diese höher, stabiler und fester. Es entstanden kompakten Zellhaufen, die sich in Millionen von Jahren differenzierten. Spezielle Zellen bildeten Leitungen, die durch eingelagertes Lignin stabil bleiben konnten. So entstanden erste Wälder in den damals verbreiteten Sümpfen.

Holzähnlich wirkten Schachtelhalm, Farn und Bärlapp. Sie bildeten Stämme mit wedelartigen Blattgebilden. Jung neben Alt stützten sie sich in primitiven Waldansammlungen gegenseitig. Es war genug Wasser, Sonnenlicht und Wärme zum Wachstum vorhanden. Die Photosynthese förderte weiteres Wachstum. Die Pflanzen, die sich nicht an diese Rahmenbedingungen anpassen konnten, starben ab. Andere Pflanzen überlebten mit abweichenden Strategien wie beispielsweise Hokkenbleiben. Stürzten hohe Pflanzen ein, konnten diese in den Löchern der sterbenden Oberschicht einwachsen. Das Prinzip gilt noch heute: Einer zusammenstürzenden Altbuche folgen Wachstumskegel mit zahlreichem bisher unterdrücktem Nachwuchs, Lücken füllend. Der Dichtwuchs mit eigenen Klimabedingungen fördert das Streben nach Licht und damit das Höhenwachstum.

Am Ende der Devonzeit und dem beginnenden Karbon gab es keine versumpften Wälder mehr. Es entwickelten sich Offenlandbereiche mit einem neuen Übergangs-Pflanzenwuchs in Konkurrenz zu den ältesten " Bäumen" wie Baumfarne und Palmen. Diese Baumfarne und Palmen konnten nur hoch und nicht in die Breite wachsen. Dafür sorgte ihr Wachstumskegel an der Spitze dieser ersten baumähnlichen, hohlen Stämme, die nur dann eine Überlebenschance hatten, wenn sie über genügend Elastizität verfügten.

Stürme bedeuteten Bruch, genauso, wenn nicht genügend Wasser das Spitzenwachstum forcierte.

Doch die Evolution blieb nicht stehen. Wenn auch die Entwicklung lange Zeiträume in Anspruch nahm, so entstanden zunehmend neuartige, baumartige Pflanzen mit zusätzlichem Breitenwachstum in Wurzel, Ast, Zweig und Stamm. Sie waren Farnen und Palmen überlegen, stabilisierten sich neben denen mit einen ausschließlichen Höhenwachstum besser. Ein Brechen von Zweigen und Ästen bedeutete für sie nicht das Ende. Seitenzweige vermochten die Führung zu übernehmen – was Weiterleben bedeutete. Damit gab es nun andersartige „Wälder".

Im Zeitalter des Karbon hatte das Baumwachstum den bis dahin größten Umfang angenommen. Absterbende Bäume bildeten immer dickere Bodenschichten. Durch Inkohlung unter Luftabschluss konnten sie nicht verfaulen. Unter immer stärkerem Druck blieben in dieser Karbonzeit zahlreiche Pflanzenfossilien erhalten. Der Forschung geben sie so Aufschluss, was in dieser Zeit an Pflanzen im Allgemeinen und an Bäumen im Besonderen existierte, auch wenn nicht alle und alles von ihnen erhalten blieb. Aber selbst Einzelteile lassen noch Rückschlüsse auf eine Waldvegetation zu, die zu dieser Zeit bereits Stämme von 30 Metern Höhe aufwies. Dazu zählen Schuppenbäume, die man als Urahnen oder doch entfernter Verwandte heutiger Nadelbäu-

me (Nacktsamer) ansehen kann. Sie waren Bestandteile einer Sumpfvegetation, die im Moorwasser versank und unter Druck ausgepresst wurde, wodurch die heutigen Kohleflöze als wahrer Schatz für die Forschung gebildet wurden. Beim Braunkohleabbau in der nahe gelegenen Ville tauchen diese fossilen Pflanzenreste immer wieder auf und sind im Museum Schloss Pfaffendorf der Rheinischen Braunkohlenwerke zu besichtigen.

Vor etwa 270 Millionen Jahren waren die im Karbon gebildeten Wälder bereits Vergangenheit. Die Klimaveränderung ließ wiederum neuartige Pflanzen entstehen. Auch die Bäume entwickelten sich weiter, insbesondere Arten mit bedeckten Samenanlagen – zu denen die Laubbäume gehören - brachten es nach und nach zu einer außerordentlichen Vielfalt. In der 60 Millionen Jahre dauernden Tertiärzeit hatte sich überall in Deutschland Wald in verschiedenen Formen etabliert. Große Waldgebiete bedeckten weiträumig das Land. Vielfältige Nadel- und Laubbaumarten kamen in unterschiedlichen Mischungen vor.

Am Ende des Tertiär vor ungefähr eineinhalb Millionen Jahren befand sich Mitteleuropa und die nördliche Hemisphäre durch drastische Klimarückgänge in vier Eiszeiten wiederum in einem Zustand fast ohne Bäume. Kälte und Eis aus Skandinavien und vom Karpaten-Alpen-Pyrenäen-Riegel reduzierten drastisch ihren Arten- und Formenreichtum. Was nicht in

Gebiete mit wärmeren Lebensbedingungen ausweichen konnte, verschwand ganz oder überlebte in wenigen Refugien. Die Arten, die in der ersten Zwischeneiszeit zurückwandern konnten, verloren ihre Existenz bei der nächsten Eiszeit. So ging das bis zur Weichseleiszeit/Würmeiszeit.

Als Ergebnis der letzten Weichsel/Würm-Kaltzeit waren in Mitteleuropa im Gegensatz zu Amerika und Asien nur eine geringe Baumartenzahl verblieben, mit der vor etwa 12.000 Jahren mit der einsetzenden Warmzeit, in der wir uns noch befinden, ein Neuanfang begann. Zunächst bildeten sich Birken- und Kieferwälder, später Hasel- und Kieferwälder. Vor etwa 7.000 Jahren kamen Eichen, Linden, Ulmen, Eschen und Fichten im Mittelgebirge hinzu. Im Harz ist die Fichte seit etwa 5.000 Jahren

wieder präsent. Eiche, Buche und Tanne haben etwa seit 3000 Jahren viele Waldareale wieder neu besiedelt. Temperatur- und Feuchtigkeitsbedingungen kamen besonders der Rot-Buche entgegen. Sie würde wahrscheinlich ohne menschliches Eingreifen heute die dominierende Baumart in Misch- und Reinbeständen sein. Regional würde Ähnliches für die Eiche(n) gelten. Standortbedingt blieben für die Weißtanne und die Gemeine Fichte sowie der Waldkiefer dazu vergleichsweise nur kleinere, „natürliche" Areale übrig.

Nadel- und Laubbäume

Mit Ausnahme der Baumfarne gehören alle Bäume/Holzgewächse zu den Samenpflanzen (*Spermatophyta*), die sich in sechs große

Herbstlicher Rotbuchenbestand im Merler Wäldchen

Abteilungen aufteilen. Bäume bilden zwei Unterabteilungen: Nacktsamige und bedecktsamige Pflanzen.

Die Nacktsamer (*Gymnospermae*) zu denen unsere heimischen und wieder eingebürgerten Nadelbäume zählen, haben ausnahmslos keine auffällige Blütenhülle. Die Bestäubung erfolgt ausschließlich durch den Wind und damit nicht gezielt. Deshalb müssen große Mengen männlicher Pollen erzeugt werden. Damit diese fliegen und sich auch in der Luft halten können, verfügen sie über Luftsäcke. So wird die Beweglichkeit erhalten und das schnelle Abfallen zur Erde reduziert. Im Frühjahr sieht man breit gestreute Pollen als Schwefel- oder Hexenregen auf Strassen und Pfützen. Die männlichen Blüten stehen meist aufrecht-ährenartig am Grunde frischer Langtriebe, bei Eiben nur einzeln in den Achseln der Laubblätter.

Die weiblichen Blüten erscheinen bereits zapfenförmig mit weichen Deck- und Samenschuppen. Nach der Bestäubung verholzen die Schuppen zu einem festen Zapfen, jedenfalls bei den meisten Nadelbäumen. An den unterschiedlichen Zapfenbildungen kann man gut den Unterschied der verschiedenen Nadelholz-Gattungen (z.B. Fichten, Kiefern, Douglasien) erkennen. Wacholder haben jedoch einen fleischigen Beerenzapfen, Eiben einen Samenmantel. Die Bestäubung und Befruchtung dauert bei den einzelnen Gattungen unterschiedlich lange. Bei Zapfen- und Samenreife ist es ähnlich. Bei der Fichte erfolgen beide noch im gleichen Jahr, bei der Kiefer innerhalb von zwei bis drei Jahren. In

Mammutbäume

den Zapfen sind die Samen geschützt. Die inzwischen verholzten Zapfenschuppen öffnen sich nach der Samenreife bei trockenem und warmem Wetter, wobei die geflügelten Samen herausfallen. Bei Zedern und Tannen lösen sich die Zapfen mit den Samenschuppen und den Samen und fallen von der zentralen Spindel ab, die stehen bleibt. Bei den Sumpf- und Scheinzypressen brechen die kugeligen, verholzten, reifen Zapfen spaltenbreit auf, so dass die Samen herausfallen können. Thujen und die Rauchzypresse verhalten sich ähnlich. Im Gegensatz zu den Bedecktsamern (Laubbäumen) werden bei den Nadelbaumarten keine Früchte, sondern lediglich Samen gebildet.

Die Bedecktsamigen- oder Blütenpflanzen (*Angiospermae*), unter denen sich auch die Laubbaumarten befinden, haben Blüten mit einer Blütenhülle. Diese ist meist sehr auffällig gefärbt und umschließt die eigentliche Blüte mit den männlichen Samenanlagen und den weiblichen mit einem so genannten Fruchtknoten. Wie die Nadelgehölze bilden Laubbäume Wurzeln, Sprossachsen, Blätter und Zweige, aber im Gegensatz zu den Nadelgehölzen auch noch Früchte aus. Schier unglaublich ist die Vielfalt der Laubbäume, die sich jedoch alle aus ein und demselben Grundmuster entwickelten, im Laufe der Evolution aber vielfältige Formen annahmen.

Wurzeln

Aus der Keimwurzel, die zuerst aus der Frucht senkrecht in die Erde geht, verzweigen sich weitere Wurzeln, die den Spross und damit den sich daraus weiterentwickelnden Stamm halten und im Boden verankern. Sie nimmt Wasser und Mineralstoffe auf, die sie in den Spross weiterleitet, der dadurch nach oben wächst.

Die holzigen Wurzeln der Bäume sind ganz unterschiedlich angelegt. Ihre Form – das Wurzelsystem – bildet sich nach der Gründigkeit des Bodens. Eingeteilt in drei Typen gibt es sowohl tiefgehende Pfahlwurzelsysteme, Herzwurzelsysteme mit mehreren senkrechten Wurzeln und Horizontalwurzelsysteme. Daneben entwickeln sich Mischformen wie zum Beispiel das Senkwurzelsystem.

Sprosse/Sprossachsen (Stämme)

Der Spross beziehungsweise die Sprossachse die bei Bäumen den späteren Stamm bildet, besitzt Nodien (Knoten), an denen Blätter erscheinen, und Internodien (Zwischenknoten-Abschnitte). Bei Bäumen und Gehölzen verholzt jeweils die Sprossachse, wenn der jährliche Längenzuwachs im Herbst abgeschlossen ist. Im Querschnitt des Sprosses erkennt man zentral das Mark, das mit der Verholzung abstirbt und im Stammquerschnitt als innerer Punkt noch erkennbar ist. Durch das so genannte jährliche sekundäre Dickenwachstum geht der Baum ringförmig in die Breite und wächst um den zentralen Kern zu. Das sich stetig darum anlagernde Holz - oft heller als der Kern- ist der Splint. Diesem „durchlöcherten" Holzkörperteil obliegt der Wassertransport nach oben, während der Kern, der sich immer wieder durch absterbende Zellen vergrößert, für Stabilität und Aufrechterhaltung des Stammes zuständig ist. Durch Aufnahme von Stoffwechselprodukten werden diese im Kernholz dauerhaft abgelagert und unterscheiden sich in der Farbe von Braun (Eiche) bis Rot (Pflaumenbaum).

Die Rinde kann mehr oder weniger große Korkwarzen enthalten, so unter anderem beim Kirschbaum und Vogelbeerbaum, deren Öffnungen den Gasaustausch ermöglichen. Diese Korkwarzen (Lentizellen) können sich mit zunehmendem Alter vergrößern.

Ganz entscheidend für das sekundäre Dickenwachstum ist aber das Kambium. Es ist das eigentliche Wachstumsgewebe, das nach innen Holzzellen und nach außen Bastzellen bildet. Im Jahresverlauf werden unterschiedlich große und kleine Zellen angelegt, die als Frühholz und Spätholz zusammen als Jahresring bezeichnet werden. Anhand dieser Jahresringe lässt sich das Baumalter ermitteln. Sie spiegeln aber auch noch Klimaverhältnisse wider, können zu Altersbestimmungen von Hausbalken, Kunstgegenständen, Schnitzaltären, Bilderrahmen und anderen aus Holz hergestellten Dingen herangezogen werden.

Den äußeren Abschluss des Stammes bildet die Borke. Sie entsteht

1. Pfahlwurzelsystem: Eine besonders verstärkte Hauptwurzel wächst direkt in die Tiefe, so bei Eiche, Kiefer, Ulme und Weißtanne.

2. Beim **Herzwurzelsystem** bilden mehrere etwa gleich starke Wurzeln den Wurzelstock, so bei der Hainbuche, Linde, Birke, Lärche, Douglasie.

3. Horizontalwurzelsysteme zeichnen sich durch verschiedene Richtungen der Wurzel aus. Sie folgen nicht streng der Erdschwerkraft, beispielsweise lässt das ursprüngliche Wachstum der Hauptwurzel nach wie etwa bei den Pappeln.

4. Eine **Mischform** ohne exakte Zuordnung zu den mehr oder weniger stark ausgeprägten Wurzelsystemen zeigt das so genannte Senkwurzelsystem. Dabei wachsen von stärkeren Horizontalwurzeln Senkwurzeln gerade tiefgehend in den Boden wie zum Beispiel bei der Zitterpappel, Esche und älteren Fichten.

durch die wechselnde Produktion von Kork und Bastzellen des Kambiums. Diese unterschiedlichen Schichten können durch Wachsen und Austrocknung aufreißen. Dadurch entstehen verschiedene Borkentypen, wie zum Beispiel die Schuppen- oder Plattenborke. Gelegentlich werden auch an den Ästen Korkleisten gebildet, wie beispielsweise bei der Feldulme und dem Feldahorn.

Blätter

Laubblätter sind eine Art chemische Fabrik, die Assimilate (= Nährstoff) herstellen. Mit Hilfe von dem in den Blättern vorhandenen Chlorophyll werden Luftkohlensäure und Wasser durch Sonnenlicht und Wärme in Stärke umgewandelt, die - in die Wurzeln geleitet - Wachstum bewirken.

Blätter haben eine Oberseite - Blattspreite (Fläche) und einen Blattstiel. Mit dem Stiel sitzt das Blatt an der Sprossachse. Am Blattgrund können auch so genannte Nebenblätter entstehen. Blätter besitzen eine Mittelrippe aus Leitbündeln. Von der Mittelrippe aus führen Seitennerven an den Blattrand. Dieser Blattrand kann auf verschiedene Weise ausgeprägt sein - von glatt, über gekerbt, gesägt bis doppelt gesägt. Die Randgestalt der Blätter ist auch ein Artmerkmal.

Unterschiedlich lange bleiben die Blätter am Stamm. Man nennt sie sommergrün, wenn sie nach Ende der Vegetationszeit abfallen, wintergrün, wenn sie erst nach Erscheinen der neuen Blätter abfallen, immergrün, wenn sie das ganze Jahr über funktionsfähige

Eichenblatt

ÖKOSYSTEM BAUM UND WALD

Blätter behalten, die von einem bis drei Jahre am Baum verbleiben. Bei Nadelbäumen verbleiben die als Nadeln ausgebildeten Blätter bis zu sieben Jahre am Stamm.

Mit dem Beginn der neuen Vegetationszeit kommen in der Regel auch die neuen Blattorgane hervor. Gelegentlich kommt es bei einigen Baumarten im Juni noch einmal zu einem neuen Blattaustrieb, der als Johannistrieb bezeichnet wird und sich deutlich durch Blattfrische und Farbe von den schon vorhandenen Blättern unterscheidet. Blätter wachsen arteigen nach bestimmter Anordnung an Zweigen. Sie müssen nicht nur als Einzelblatt auftreten, können so an Robinie oder Nussbäumen als paarige oder unpaarige Fiederblätter oder an anderen Bäumen schraubig, gegenständig oder zweizeilig erscheinen.

Zweige

Der Spross bzw. die Sprossachse ist bei Bäumen (im Gegensatz zu Palmen) immer mit Zweigen versehen. Durch Terminalknospen verlängern sich die Stängelachsen. Durch Blattachselknospen und Stängel bildende Adventivknospen entstehen Nebenachsen: Die Zweige. Verholzte Zweige können als Äste an den Bäumen immer weiter wachsen. An Zweigen und Ästen können Kurztriebe entstehen, die Blattrosetten bilden oder an denen Blüten wachsen. An Sprossen und Blättern können sich Dornen, Ranken und Stacheln entwickeln.

Apfelblüte

Blüten

Blüten sind komplexe Gebilde, hervorgegangen aus Blättern. Die Blüten unterscheiden sich bei Nadel- und Laubbäumen. Doch zunächst einmal dienen sie bei beiden der generativen (im Gegensatz zur vegetativen) Fortpflanzung, bestimmt durch männliche (= bestäubende) und weibliche (= später die Samen tragenden) Blüten. Genetisch ausgelöst wird das Blühen durch die Strahlungsintensität der Sonne (Licht und Temperatur). Daher ist der Beginn der Blüte nicht auf den Tag genau festzulegen.

Die Blüten der Laubbäume haben sich für die geschlechtliche Vermehrung und Samenbildung speziell mit Blütenblättern (Blütenhülle), Staub- und Fruchtblättern und dem Fruchtknoten weiterentwickelt. Vielfach bedarf es der Insekten, um die Bestäubung zu gewährleisten. Zum Anlocken der Insekten haben Blüten eine farbige Krone, die meist in einem grünen Kelch sitzt. Kelch und Kronblätter können häufig miteinander verwachsen sein, bilden dann eine Kronröhre. Windblütige Bäume („Kätzchenträger") haben keine oder weniger deutlich ausgeprägte Blütenhüllen. Staubbeutel mit Pollensäcken und Staubfäden bilden die Staubblätter. Zwischen ihnen können auffällig gefärbte oder besonders geformte sterile Staubblätter als Anreiz für Insekten stehen.

Einzelne oder mehrere Fruchtblätter sitzen einzeln an einer Blütenachse. Sie haben meist einen Stempel, sind an der Basis (dem Ovar) mit den Samenanlagen versehen. Der nach oben vom Fruchtknoten ausgehende, verlängerte Stempel besitzt die Narbe zum Aufnehmen der Blütenpollen durch besuchende Insekten. Die Nektarbildung stellt einen besonderen Anreiz für den Blütenbesuch dar. Besitzen Bäume männliche und weibliche Blüten am gleichen Baum, bezeichnet man sie als einhäusig, sind sie auf verschiedene Bäume verteilt, heißen sie zweihäusig.

Eine weitere Eigenheit stellen die vielfältigen Blütenstände dar, die unterschiedlich einfach oder zusammengesetzt sein können. Einfache Blütenstände bildet beispielsweise die Blütentraube der Robinie, zusammengesetzte die Esskastanie.

Bei den Nadelbäumen bildet der Ansatz des Zapfens sozusagen die weibliche Blüte. Die Samenanlagen sind nicht in einen Fruchtknoten eingeschlossen, sondern für den männlichen Pollen frei zugänglich.

Früchte

Ziel der Blütenbildung und Befruchtung ist die Frucht mit den darin enthaltenen Samen. Sie variiert deutlich nach Größe und Form, kann verholzt oder fleischig sein. Ihr Wachstum endet mit der Reife. Die Verbreitung der Samen kann durch Abfallen, Wind, Wasser oder Tiere erfolgen. Baumfrüchte weisen mannigfaltige Formen auf wie auch deren Samen. Bei Nussfrüchten ist nur die Fruchtwand verholzt (z.B. Walnuss), bei Steinfrüchten nur der Samenkern (z.B. Kirsche). Beerenfrüchte tragen mehrere Samen in einer fleischigen Fruchthülle, Spaltfrüchte bilden die Ahornarten aus. Weiterhin gibt es Hülsen- und Schotenfrüchte, die bei der Reife aufplatzen oder wie bei der Gleditschie im Ganzen abfallen. Ulmen besitzen Flügelfrüchte, die durch den Wind weit verbreitet werden können. Eicheln sitzen wiederum einzeln in einem Fruchtbecher, während der geschlossene Fruchtbecher der Rotbuche (Cupula) mehrere Samen enthält. Eine unechte Cupula ist den Früchten der Baumhasel eigen. Ähnlich ist es bei der Hainbuche.

Bei allen Gemeinsamkeiten haben die Baumgattungen der Nacktsamer und Bedecktsamer entwicklungsgeschichtliche Eigenheiten mit dem Ziel entwickelt, die jeweilige Art optimal zu vermehren. Bei den Laubbäumen dient die Frucht dazu, den Samen zu umhüllen und damit zu schützen. Gleichzeitig lockt die Frucht Tiere an, die sie aufnehmen und den darin enthaltenen Samen nach der Passage durch ihren Darm verbreiten. Die nacktsamigen Nadelbäume verzichten auf diesen Aufwand, treiben aber einen entsprechend höhern quantitativen Aufwand mit ihren Pollen.

Allee an der Wahnbachtalsperre

Der Braunkohlewald

Braunkohle entstand im Zeitalter des Tertiär vor 20 Millionen Jahren aus Bäumen, Sträuchern, Farnen und Gräsern. Damals war das Klima deutlich wärmer und feuchter als heute, das flache Land lag nur wenige Meter über dem Meeresspiegel und war weitgehend von Sümpfen und Mooren bedeckt. Starben die Pflanzen ab, so versanken sie im feuchten Untergrund. Hier konnten die Pflanzenreste nicht vermodern, weil sie durch das Wasser luftdicht abgeschlossen waren. Mikroorganismen zersetzten die Pflanzenreste zunächst zu Torf, auf dem neue Pflanzen wuchsen. Dieser Kreislauf wiederholte sich über viele Millionen Jahre immer wieder und da sich der Boden gleichzeitig allmählich absenkte, nahm die Torfschicht mehrere hundert Meter Dicke an. Doch dann wurde es allmählich kühler, das Wasser der jungen Nordsee drang tief in die Niederrheinische Bucht vor. Immer dickere Sedimentschichten aus Sand und Kies lagerten sich auf der Torfschicht ab, deren Gewicht die Torfschicht zu Braunkohle verdichtete. So kann man Braunkohle als ein bräunlich-schwarzes, meist lockeres Sedimentgestein definieren, das aus der Karbonisierung von Pflanzenresten durch Inkohlung entstand. Diese Pflanzenreste geben bis heute Auskunft über den damaligen Bewuchs des Rheinlandes, vor allem über den damaligen Baumbewuchs.

Zur Bestimmung des Rheinischen Tertiärwaldes sind weniger die in der Braunkohle vorhandenen Pflanzenreste geeignet als vielmehr der mikroskopisch sehr kleine, aber erstaunlich erhaltungsfähige Blütenstaub oder Pollen. In 50 Gramm Trockensubstanz Braunkohle findet man mehr als 15.000 Pollen. Daran erkennt man, dass der damalige Braunkohlewald ein ganz anderes Aussehen hatte als unser heutiger rheinischer Wald. Sumpfzypressen und Mammutbäume prägten damals neben Kiefern-, Fichten- und Eibenarten die Landschaft. Viele Holzgewächse der Sumpfwälder, wie Birken, Erlen, Weiden, Ulmen, Pappeln, Eichen, Buchen sowie Verwandte unserer Ahorne gehörten zu den Bestandteilen der Braunkohleflora. Außerdem waren auch Lorbeer- und Zimtgewächse sowie verschiedene Palmenarten zu finden. So kann man zu Recht sagen, dass viele der Arten, die durch die Eiszeiten im Rheinland ausgestorben sind, hier vor den Eiszeiten heimisch waren! Das heißt, dass sie keine „Exoten", sondern einheimische Heimkehrer sind.

Fossile Baumreste in Braunkohle

ÖKOSYSTEM BAUM UND WALD

Nacheiszeitliche Wiederbewaldung

Während der zwei Millionen Jahre andauernden Eiszeit wurden alle Baumarten nach Süden abgedrängt oder starben in Mitteleuropa aus. In den eingelagerten Warmzeiten erfolgte zwar eine Wiederbesiedlung mit Bäumen, die aber durch die jeweils folgende Kaltzeit rückgängig gemacht wurde.

Vor etwa 17.000 Jahren verabschiedeten sich die Gletscher der letzten Eiszeit, die zunächst Kahlflächen hinterließen und den Charakter von Steppen und Tundren annahmen. Stürme verbliesen Boden und Lössstaub, die sich in tiefer liegende Flächen absetzten. Nur langsam entwickelte sich in diesem Offenland wieder Wald: Urwald, von dem niemand

Windschutzstreifen im Grünen Ei von Meckenheim

weiß, wie er genau ausgesehen hat. Flüsse und Sümpfe, Gebirge und Ebenen waren von Wald eingerahmt oder bedeckt.

Zu den frühen Pionierbaumarten der beginnenden Warmzeit gehörten Hasel, Birke und Weide, die vor allem auf den feuchten Böden ihre Standorte fanden, und die Kiefer. Es folgten Eiche und Ulme, Linde und Esche sowie auf höher gelegenen Standorten die Fichte. Im Zeitraum zwischen Jungsteinzeit und Bronzezeit wurden die Fichten dominanter, Eiche, Buche und Tanne kamen bis zur Zeitenwende dazu. Danach entwickelte sich die Buche zum dominierenden Baum in den mitteleuropäischen Wäldern. Die tieferen Lagen des Bonner Raums zählen seither zum Buchen-Mischwaldgebiet, wo sich in niederschlagsärmeren Bereichen vor allem auch die Eiche ansiedelte. In den Bereichen der Eifel und des Bergischen Landes herrschen natürlicherweise Buchenwaldgesellschaften vor. An Sonderstandorten, wie zum Beispiel in Auenwäldern, ist die Buche allerdings nicht vertreten. Hier gibt es vor allem Weiden, Pappeln, Eschen, Linden, Ahorne und Ulmen. Aufgrund der klimatischen Bedingungen und der Höhenlagen im Bonner Raum wären Nadelbaumarten kaum vertreten.

Antike Waldnutzung

Seit Beginn der Mittleren Warmzeit vor etwa 5.000 v. Chr. bedeckten Eichen, Ulmen, Linden, Eschen und Fichten Mitteleuropa. Die Baumartenzusammensetzung der wieder rückgewanderten Wälder schwankte indessen abhängig von der weiteren Klimaentwicklung. In der späten Warmzeit um 3.000 v. Chr. gewann die Fichte an Boden, der Buche, Eiche und Tanne folgten. Die flächendeckende menschliche Besiedlung Mitteleuropas vollzog sich vom Übergang der Jungsteinzeit zur Bronzezeit. Schon vor der Zeitenwende breiteten sich die Römer nach Norden aus. Die Bevölkerung wuchs, mit ihr nahmen Ackerbau und Viehzucht zu. Die Landwirtschaft brauchte neue Flächen und immer mehr Baumaterial. Beides zehrte am Wald. Dazu kamen die Haustiere, die in den Wald getrieben wurden. Der Vieheintrieb führte in den Laubwald, denn die Blätter der Laubbäume waren neben den Früchten von Buche und Eiche das Futter der Nutztiere. Damit wurde die Naturverjüngung des Waldes weitgehend unterbunden. Abgeweidete Areale hatten in Verbindung mit ausgelaugten Wäldern oft ein Verlegen der Siedlungen und den Beginn neuer Eingriffe in den Wald zur Folge.

Neben der Nutzung des Waldes für Siedlungen und Brennholz, Weide und Ackerbau wurde der Wald schon seit vorrömischer Zeit zunehmend auch als Rohstoffquelle für Verhüttung, Glas- und Tonindustrie und die Salzsiederei genutzt. So wurden Unmengen von Holz, dem wichtigsten Rohstoff der Zeit, für die verschiedensten

Zwecke verwendet. Mit den Römern, die immerhin 400 Jahre in unserer Region herrschten, kamen neue Holzverwendungen und neue (alte) Baumarten, wie beispielsweise die Laubbäume, Walnuss und Esskastanie hinzu. Die Perfektionierung der Erzschmelze mit Buchenholzkohle, später mit Eiche und Kiefer, setzten dem Buchenvorkommen besonders zu. So konnte schon zu dieser Zeit nicht mehr von einem „natürlichen" Wald gesprochen werden. Das weisen übrigens alle Pollenanalysen aus. Pollen, ihre Anzahl und Art wurden in den Mooren und in den Böden untersucht. Die Wissenschaft kann so belegen, welche Bäume beziehungsweise welche Baumartenmischung über eine bestimmte Zeit dominierte.

Vor allem durch die intensivierte Holznutzung in antiker Zeit erfolgte auch eine tiefgreifende Veränderung des „natürlichen" Waldbildes. Die Waldweide hatte zur Folge, dass sich nur jene Baumarten und Sträucher halten und vermehren konnten, die von Rindern, Schweinen, Schafen und Ziegen gemieden wurden – das waren beispielsweise Wacholder, Kiefer und Ilex, Ginster und Heidekraut. Ganz aufgegebene Siedlungsräume mit ihren Wald-, Weide- und Ackerflächen waren devastiert und bewaldeten sich nur langsam und mit anderen Baumarten wieder.

Festzuhalten bleibt, dass die Römer zu ihrer Zeit auf linksrheinischem Gebiet durch intensivierte, teilweise extreme Wald- und Holznutzung bereits große Flächen entwaldet hatten. Dafür war neben Landwirtschaft, Viehzucht und Weinbau Heizmaterial für die Hippokausten, die Verwendung als Baumaterial, für Eisenverhüttung, wie sie beispielsweise südlich von Ahrweiler betrieben wurde, für den Kalkbrand, wofür sie die Brennöfen bei Iversheim (Münstereifel) nutzten, verantwortlich. Nicht zuletzt sei auch erwähnt, dass für den Bau der hundert Kilometer langen Eifelwasserleitung nach Köln die Trasse breitflächig abgeholzt werden mussten, weil sonst die Bauarbeiten gar nicht möglich gewesen wären. Eventuell waren auch schon große Gebiete des Eifelvorlandes für agrarische Nutzung entwaldet, wie die Reste der vielen gefundenen *villae rusticae* in heutigen Wäldern und auf Ackerflächen zeigen.

Fränkische Landnahme, Forste und Grundherren

Fast 400 Jahre hatten die Römer im Rheinland das Römische Reich nach Westen ausgedehnt und beherrscht. Handelswege und Straßen wurden gebaut, das Land kultiviert, Gutshöfe angelegt, die dafür sorgten, dass sie auf ihr in Italien geführtes Leben nicht zu verzichten brauchten. Dazu gehörten unter anderem auch Walnussbäume, Birnen, Kirschen, Zwetschen, Pflaumen, Weinreben, Kornelkirschen und Buchsbäume. Auch die Esskastanie war eines ihrer Mitbringsel. Der vorhandene Wald wurde vielfältig genutzt:

Die Legionäre, Sklaven und Gefangenen rodeten Flächen für die Landwirtschaft, für Schiffs- und Brückenbauten, für die Sicherung der Legionslager und die Fußbodenheizungen in den Gebäuden und Bädern. Lokal waren dies starke Eingriffe in den Wald.

Mit dem Ende des Römischen Reichs drangen germanische Franken (= „Freie") über den Rhein nach Westen vor. Mit dieser Fränkischen Landnahme entstand eine neue Ordnung, die teilweise römisches Recht übernahm. Das beinhaltete unter anderem sowohl die Domänen mit Ackerland und Wald als Staatsgüter und den Aufbau eines Feudalsystems. Das Lehnswesen schuf Abhängigkeiten vom König, der das Land an Herzöge, Markgrafen, Grafen, Bischöfe und Äbte vergab, die es ihrerseits als Grundherren gegen Abgaben, Dienstleistungen und Arbeiten an Untergebene überließen – dies galt auch für den Wald.

Das Waldbild selbst hatte sich im Fränkischen Reich hinsichtlich seiner Zusammensetzung der verschiedenen Baumarten nicht verändert. Auf den aufgelassenen Grundstücken hatte sich die Buche vermehrt. Die Konkurrenz von Eiche und Hainbuche blieb. Auch der Stockausschlagwald wurde weiterhin genutzt. Diese als Forste bezeichneten „herrenlosen" Wälder zog der König jedoch als „Königsforste" an sich.

Dabei kann das Wort „Forst" im damaligen Sinne nicht einfach mit Wald übersetzt werden. Dieser Begriff galt damals eben nur für solche Flächen, die dem König – und später dazu den belehnten Grundherren - vor allem auch für die Jagd vorbehalten waren. Diese Flächen standen unter Bann. Dazu wurde eine Verwaltung geschaffen, die sicherzustellen hatten, dass sie nur denjenigen zugänglich waren, die dafür eine Befugnis hatten oder dafür eine Gegenleistung erbringen mussten. Die Berufsbezeichnungen dieser Beauftragten (*magister forestarior* als „Forstmeister" und *forestarii* als Förster) haben sich bis in die jüngste Zeit erhalten.

Das Feudalsystem blieb im Prinzip bis in die napoleonische Zeit erhalten. Mit der Säkularisierung kam das Ende für die klösterlichen und kirchlichen Besitzungen. Als sich Napoleon die linksrheinischen deutschen Gebiete in den französischen Staat einverleibte, wurden die enteigneten adeligen Grundbesitzer mit anderen Flächen aus den rechtsrheinischen Gebieten entschädigt. Königsforste wurden zum Staatswald, Lehenswälder zum Privatwaldbesitz. Aber auch die mächtigen Reichsstädte wurden Eigentümer des ihnen einst überlassenen Lehenswaldes.

Mittelalterliche Rodungen

Mit der Verbesserung der Landwirtschaft durch die Dreifelderwirtschaft, durch leistungsstärkere Geräte und Methoden wuchs die Bevölkerung an. Die bisherigen Nutzflächen für die Ernährung reichten nicht mehr aus. Gehöfte wurden zu Dörfern, Dörfer zu Städten und Spezialisierungen schufen neue Berufe. Das Universalbaumittel Holz wurde in immer größerer Menge benötigt. Als Transportmittel dienten Schiffe und Wagen - natürlich aus Holz. Unmengen von Brennholz waren nötiger denn je. Alle diese Anforderungen konnten nur aus einer Quelle gespeist werden, nämlich aus dem Wald. Flächige Rodungen erfolgten für den Städtebau an Flüssen, in Niederungen und in Wäldern, die den Klöstern und Kirchen als Schenkungen übertragen worden waren. Es waren neben den Mönchen vor allem unfreie Bauern und Leibeigene, denen die Hauptlast dieser Rodungen aufgebürdet wurde. So wurden dringend benötigte, zusätzliche Acker- und Weideflächen geschaffen – und schließlich war Holz eine Einnahmequelle für die Grundherren. Damit einher gingen Baumartenwechsel oder auch Baumartenverschiebungen zu Lasten der Buchenwälder, was wiederum andere Baumarten förderte. Ausschlagfähige Baumarten wie Eiche, Hainbuche, Birke, auch Weide und Hasel förderten den Niederwaldbetrieb, der gleichzeitig eine ein- bis zweijährige Nutzung als zusätzliche landwirtschaftliche Fläche wie beispielsweise durch Einsaat von Buchweizen zuließ. Danach blieben 15 bis 20 Jahre Zeit für das Wachstum der Stockausschläge, die dann wieder als solche genutzt wurden.

Mit den mittelalterlichen Verkehrsmöglichkeiten konnten Stämme auf dem Landweg kaum transportiert werden. So band man die Stämme zu Flößen zusammen und transportierte sie auf dem Wasserweg - die Flüsse waren sozusagen die Autobahnen der vorindustriellen Zeit. Flößbar waren vor allem die geradwüchsigen Nadelbäume, die besonders gut schwammen und als Last Eichen und Buchen aufgesattelt bekamen. Gewerbe und erste Industrien, die mit, vom oder im Wald existieren mussten, verbrauchten Holz in zunehmenden Mengen. Soweit diese Betriebe nicht unbedingt ortsgebunden waren, wie etwa Bergwerke oder Hütten, wanderten diese nach abgeschlossener Rodung ab und siedelten sich dort neu an, wo noch genügend Holz gerodet werden konnte. Ganze Landstriche fielen so den Rodungen anheim, die sich selbst überlassen blieben, verheideten oder sich locker mit Sträuchern besamten.

Die wissenschaftliche Siedlungsgeografie kann heute Ortsnamen einzelnen Rodungsperioden zuordnen. Auch Flurnamen, die zunächst oft nur mündlich weitergegeben wurden, weisen auf frühe Rodungs- und Siedlungsgebiete hin. Noch aus römischer Zeit stammen Ortsendungen mit –weiler, abgeleitet von den Großdomänen (= *villae rusticae*). So gelten für Rodungen in frühgermanischer Zeit etwa 600 Namen wie Neumagen oder Dormagen. Die erste umfangreiche Rodungszeit begann bereits im 6. Jahrhundert, typisch dafür sind Ortsendungen mit -heim. Auf die nächste der großen Rodungsepochen im 8. bis 9. Jahrhundert werden in Nordrhein-Westfalen die Ortsendungen mit –hausen zurückgeführt, die aber auch im 11. bis 13. Jahrhundert wieder auftauchen. Für das Hochmittelalter sind die Ortsnamen wie –rode, -rod, -roth, -rath, -reuth, -bach, -brand, -scheid, -scheidt, -hagen, -wald, -loh, und –lage überliefert. Beispiele aus dem Bonner Raum bilden Ortsnamen wie Karweiler, Bruchhausen, Heimerzheim, Süchterscheid, Büllesbach oder Ruppichteroth.

Heute geht man davon aus, dass während der oben genannten Rodungsperioden etwa 25 Millionen Hektar Wald allein zu Ackerland umgewandelt worden sind. Mit dem Ende des 13. Jahrhunderts waren die großen Waldrodungen zunächst abgeschlossen. Die heutige Flächenverteilung von Wald, Acker und Weide ist schon damals entstanden. Am Ende des Mittelalters bestanden die Wälder in Deutschland zu zwei Dritteln aus Laubbäumen und zu einem Drittel aus Nadelbäumen. Interessant ist in diesem Zusammenhang, dass von 6.905 deutschen Orten 6.115 Namen von Laubbäumen tragen, dagegen nur 790 von Nadelbäumen. Heute besteht der Wald in Nordrhein-Westfalen nur noch zu einem Viertel aus Laubbäumen. Das Ziel ist den Laubbäumen und darunter wieder in erster Linie den Buchen einen größeren Anteil an der Waldfläche einzuräumen.

Laubmischwald auf dem Rheidter Werth

Holznot und Nachhaltigkeit im Wald

Mit dem Begriff „Holznot" ist die Zeit umrissen, die die heftigsten Eingriffe in den Wald charakterisieren. Nachdem in der beginnenden Neuzeit in England und den Niederlanden die Wälder für den Schiffsbau kahl geschlagen waren, setzte sich in den deutschen Staaten der Ankauf von Schiffsbauholz fort. Kriege und vorindustriell unermessliche Nachfrage nach Heizholz, Salinenholz, Glasmacherholz, Bergbau und Hüttenindustrie fraßen ganze Landstriche kahl - Meiler, Aschenbrenner, Seifensieder und Waldglashütten, große Schafherden und Waldnutzung hatten das Landschaftsbild der deutschen Kleinstaaten verändert. Es war die Zeit, in der die Angst vor „Kein Holz mehr" umging – und in diese Zeit fällt die Geburtsstunde der Forstwirtschaft. Genug Wald für die Zukunft zu begründen, war das Ziel dieser neuen Forstwirtschaft, die sich zeitgleich in allen Teilen des heutigen Deutschlands durchsetzte. Ein Beispiel gibt dafür Heinrich Cotta (geboren 1764), Gründer der Königlich Sächsischen Forstlehranstalt in Tharandt (1811), der in seiner Anweisung zum Waldbau 1816 schrieb: *„Wir haben jetzt eine Forstwissenschaft, weil es uns am Holze fehlt".*

Forschung und handwerkliche Praxis entwickelten sich rasch, die Einrichtung forstlicher Schulen/Hochschulen nahm zu. Und die Forstakademien wurden zum Magneten für In- und Ausländer: Eberswalde bei Berlin, Tharandt bei Dresden, Freiburg für den Süden/Südwesten und München für Bayern. Mit der Reform der Preußischen Forstverwaltung zu Beginn des 19. Jahrhunderts postulieren Wilhelm Pfeil (1783-1859) und Georg Ludwig Hartig, die Gründer der Königlich Preußischen Forstakademie in Eberswalde (1830), eines der Grundprinzipien der Forstwirtschaft: Die Nachhaltigkeit der Holzversorgung, respektive der Walderhaltung, um ständig eine gleiche Ernte an Holz zu haben. Und nicht nur dies – gleich bleibende forstwirtschaftliche Erträge lassen ebenso der Natur ihr Existenzrecht für alle die Wirkungen, die ein gepflegter, standortgerechter Wald bereitzustellen in der Lage ist. Der Begriff der Nachhaltigkeit wurde 1992 in Rio de Janeiro für die ganze Ökonomie und Ökologie als *Sustainability* adaptiert.

Um die Nachhaltigkeit in der Forstwirtschaft zu gewährleisten, werden im Turnus von 20 Jahren so genannte Forsteinrichtungswerke (= Betriebsgutachten) erstellt, die nach zehn Jahren revidiert werden. Neben Grunddaten-Erfassung (Fläche, Baumarten, Alter usw.) werden Planungen über Maßnahmen festgelegt, wie beispielsweise Durchforstungen (Pflegehiebe), Baumartenwechsel oder Unterbaumaßnahmen (Unterpflanzen von 30-jährigen Eichen mit Rotbuchen zur Schaftpflege der Eichen).

Holznot 1

Zitat aus „Zeitschrift für Forstwissenschaft", Ersten Bandes, Erstes Heft, Kopenhagen 1802, S.194:

„In Schlesien sucht man bei dem immer fühlbarer werdenden Holzmangel das Brennholz durch starken Gebrauch der Steinkohlen zu sparen. Wie beträchtlich die Konsumation dieses Artikels sei, zeigt folgendes Verzeichnis von Steinkohlenfeuerungen. Mit Steinkohlen feuern nämlich (inzwischen) in ganz Schlesien

178	Ziegelbrenner
2	Glashütten
154	Brauereien
678	Branntweinbrenner
480	Bleichkessel
35	Färbereien
5	Papiermühlen
1	Gelbgießer
2	Zinngießer
3107	Schmiede und Schlosser
82	Brotbacköfen
32	Waschhäuser
36	Hutmacher
1	Klempner
15	Seifensieder
7547	Stuben- und Kochfeuerungen

Im Jahr 1798 wurden bei diesen Feuerungen 948.988 Scheffel Steinkohlen verbraucht, und dadurch wenigstens 160.000 Klafter Holz erspart."

Holznot 2

Zitat aus „Zeitschrift für Forstwissenschaft", Ersten Bandes, Erstes Heft, Kopenhagen 1802, S.195/116:

„Im Preußischen ist das bereits unterm 17ten Octob. 1799 erlassene Verbot für die Brauer und Branntweinbrenner, mit Holz zu brauen und zu brennen, unter dem 18ten Mai 1800 bei einer Strafe von 20 Reichsthalern für jeden Übertretungsfall, erneuert worden; auch ist bei gleicher Strafe verordnet, das in Kalköfen, Färbereien und Fabriken schlechterdings kein Holz gebrannt, sondern blos mit Steinkohlen gefeuert, und nur das zum Anfeuern unumgänglich erforderliche Holz in einzelnen Stücken gestattet werden soll."

Blick auf den Ölberg im Siebengebirge

Aufforstungen durch Preußen

1815 erhielt Preußen nach den napoleonischen Kriegen das Rheinland zugestanden. Mit ihren neuen Herren konnten sich die Rheinländer aber nie so richtig anfreunden. Doch Preußen hat, was den Wald und die Forstwirtschaft betrifft, deutliche Spuren hinterlassen, so vor allem die Grundlagen des staatlichen Aufbaus, eine straff organisierte Verwaltung und den Aufbau des Forstwesens. In diesem Zusammenhang beauftragte das preußische Innenministerium Johann Nepomuk von Schwerz mit der Erfassung des Waldzustandes den neuen Landesteilen Westfalen und Rheinpreußen. Sein 1836 erschienener Bericht über das Gesehene war erschütternd: *„…Man sollte sehen und weinen! Ein Land ,wie die Eifel, wo es nicht an Raum fehlt, wo der Boden zum Theil keinen Werth für die übrige Cultur hat, weil es an Dung und Dungmaterial gebricht, da heben die Berge von allen Seiten ihre nackten Schädel, welche kein Gesträuch deckt, und wo kein Vögelein ein Schattenplätzchen zu seinem Neste findet. Daher wütet denn der kalte Nord-, der scharfe Nordostwind, daher ist das Regenwasser, welches den Gipfeln entströmt, nur mager und bringt den Thälern kein Heil."*

Dieser Bericht veranlasste die Preußische Regierung zu einem großen Aufforstungsprogramm. Die beiden Forstakademien in Eberswalde bei Berlin und die 1866 neu hinzugekommene in Hannoversch Münden bei Göttingen lieferten die Vorgaben. Es war zeitgemäß und wirtschaftlich in der ersten Baumgeneration

Kottenforst-Maar am Jägerhäuschen

mit einer den Boden festigenden Baumart zu beginnen. Hierfür bot die in Preußen bekannte Fichte die Grundlage für umfangreiche Wiederaufforstungen und Neuaufforstungen auf devastierten und kahl geschlagenen ehemaligen Waldflächen. Die neue Forstverwaltung setzte insbesondere auf diese Baumart, weil mit ihr schnelle Erträge und damit Geld für die Staatskasse zu erwirtschaften war. Doch es gab noch weitere Gründe, zunächst die Fichte überall zu pflanzen. Anbau und Pflege waren einfach, nach preußischer Sitte stand alles übersichtlich in Reih und Glied, die Bäume waren anspruchslos, schnellwachsend, vielseitig verwendbar vom Tomatenpfahl bis zum Rammpfahl, als lange Bohnenstangen, Leiterstangen, Gerüststangen, Weihnachtsbäume und Masten. Fichten waren ideal als Grubenholz für die Bergwerke und natürlich als Bauholz aller Dimensionen geeignet. Und nicht zuletzt ließen sich Fichtenstämme gut flößen, verfügte doch Preußen über die Oder und Elbe hinaus nunmehr auch über Rhein und Weser, womit für Preußen weitere Anschlüsse an die Nordsee gegeben waren.

Den neupreußischen Untertanen war der Fichtenwald unheimlich. Der *„Prüsseboom"* lieferte kein richtiges Brennholz, man konnte in diesen in Reih und Glied stehenden Wald auch kein Vieh eintreiben, Laubstreu gab er auch nicht. Am besten riss man ihn gleich nach der Pflanzung wieder raus. Gedacht, gesagt, getan - aber die Forstverwaltung ließ gleich wieder neu pflanzen. Irgendwann war die Verwaltung das Spiel leid. Militär zog auf und nun wurde es ernst. Die Fichten wuchsen, blieben aber verhasst - wie alle Preußen.

Die von den Preußen im 60- bis 80-jährigen Kahlschlagverfahren bewirtschaftete Fichte übte nach allen großen Kriegen erneut eine Lückenbüßerfunktion aus, vor allem nach dem Zweiten Weltkrieg. Das geschah beispielsweise in der kriegszerstörten Eifel im Hürtgenwald, am Niederrhein, in bombardierten Waldbereichen, in denen Kriegsindustrie angesiedelt war und auch dort, wo Flugplätze waren.

Zwischenzeitlich machte die forstliche Forschung auf den Gebieten der Boden-, Standorts-, und Vegetationskunde große Fortschritte, was unter anderem in der Abwendung von früher praktizierten Kahlschlagsverfahren und großflächigen Monokulturen resultierte. Naturverjüngung und Mischwald ließen neue Waldbilder entstehen, wie sie vor allem in den Wäldern der öffentlichen Hand mit entsprechend großen Wirtschaftsflächen zu sehen sind. Im Privatwald wurden schon eher Laubbaumarten eingesetzt und Kahlschläge weitgehend vermieden. Im Übrigen fördert das Land Nordrhein–Westfalen den Anbau von Laubhölzern im nichtstaatlichen Wald, um den Anteil von Eichen, Rotbuchen, Eschen sowie anderen Laubbäumen zu erhöhen. Aber der *Prüsseboom* wird sich als Mischbaumart und auf den Stand-

ÖKOSYSTEM BAUM UND WALD

orten, die im Mittelgebirge fichtengeeignet sind, erhalten - und in rheinischen Köpfen sowieso!

Wald heute

Der Waldbestand nach Ende des Zweiten Weltkrieges hatte durch direkte Kriegseinwirkung im heutigen Nordrhein-Westfalen zu riesigen Kahlflächen geführt. Besatzerhiebe allein in der Britischen Zone trugen noch einmal zusätzlich durch Kahlschläge von 218.000 Festmeter (fm = Kubikmeter) zu ungeahnten temporären Waldverlusten bei. Auch Belgier (500.000 fm) und Niederländer (537.000 fm) suchten sich durch Reparationsleistungen zu entschädigen. Mangels Kontrolle wird selbst von den Niederländern eingeräumt, dass es durchaus höhere Mengen gewesen sein könnten. Durch diese Kahlschläge sowie weitere Schäden durch Brände, hervorgerufen durch nicht aufgefundene Phosphorbomben, standen damit rund 100.000 Hektar Waldfläche in Nordrhein-Westfalen zur Wiederaufforstung an. Diese Zahl sollte sich noch einmal um 20.000 Hektar durch Käferkalamitäten, Mangel an ausgebildeten Waldarbeitern und fehlende Pflanzen erhöhen – benötigt wurden etwa 980 bis 990 Millionen Setzlinge! Verfügbar waren im Wesentlichen Nadelbaumsetzlinge, die am schnellsten nachgezogen werden konnten, und die ohne Rücksicht auf den Standort und Artenkombination, oft auch mit unqualifiziertem Personal, gepflanzt wurden – mit dem primären Ziel, Kahlflächen wieder zu bewalden. Zehn Jahre sollte es dauern, bis die kriegsbedingten Kahlflächen beseitigt waren.

Zu dieser Zeit bestand für Holzverkäufe noch eine Preisbindung. Das bedeutete, dass überall Festpreise statt Marktpreise gezahlt wurden und aus dem Holzerlös kaum oder gar nicht reinvestiert werden konnte. Wichtig war aber, dass die Waldflächen zunächst wieder in Kultur gebracht werden konnten.

Eine zweite, viel später einsetzende Aufforstungswelle brachte die Aufgabe landwirtschaftlicher Grenzertragsböden durch Stilllegung, sowie die Aufforstung von Industriebrachen in jüngster Zeit, die zusammen mit Haldenbegrünungen vor allem im Ruhrgebiet, neuen Wald schufen.

Während der zunehmende Flächenbedarf der wachsenden Städte und Dörfer sowie die Anlage von Industriegebieten in jüngster Zeit meist auf Freiflächen erfolgte, gilt dies aber weniger für infrastrukturelle Leistungen wie Autobahn- und Straßenbau, die große Waldflächen in Anspruch nahmen. Als Beispiel im Bonner Raum sei der Bau der A565 durch den Kottenforst erwähnt (der im Übrigen schon in der Nazizeit geplant worden war).

Die Wiederaufforstung der Nachkriegszeit war eine gesamtgesellschaftliche Aufgabe, an der sich auch private Organisationen und Verbände beteiligten. Allen voran gilt die in Nordrhein-Westfalen gegründete Schutzgemeinschaft Deutscher Wald (SDW) inzwischen bundesweit als erste Bürgerinitiative. Unter der Ägide der „Stiftung Wald in Not" und deren Sponsoren konnten beispielsweise im Umland von Bonn – und nicht nur hier - viele Flächen mit Waldbäumen bepflanzt werden. Sie setzten auf Laubbaumarten, um die schwerpunktmäßigen Nachkriegsaufforstungen mit Nadelbäumen zu kompensieren. In die gleiche Richtung zielen das Wirken der „Arbeitsgemeinschaft für Naturgemäße Waldwirtschaft" und die Förderungsprogramme des Landes Nordrhein-Westfalen zur Vermehrung des Laub- und Laubmischwaldes, eine Aufgabe, die auch noch die kommenden Waldbesitzergenerationen beschäftigen wird. Welche Baumart auf welcher Fläche letztendlich am geeignetsten ist, hängt jedoch von den jeweiligen Standortfaktoren ab. Monokulturen wird es aber nicht mehr in dem Umfang wie früher geben.

Waldsterben

Unter dem Begriff „Waldsterben" kam in den siebziger Jahren die große Angst um den deutschen Wald und dem „bevorstehenden Weltuntergang" auf. Betroffen war zunächst die Weißtanne. Das Verwunderliche war, dass es ausgerechnet in den als naturnah geltenden Wäldern des Schwarzwaldes und Süddeutschlands geschah – den natürlichen Weißtannenstandorten. Neben der Angst setzte dieses Phänomen der verlichtenden Baumkronen eine Welle von Untersuchungen in den verschiedenen Wissenschaftszweigen

Obstbaumblüte im Grünen Ei von Meckenheim

ÖKOSYSTEM BAUM UND WALD

in Gang. Das verstärkte sich noch, als auch die anderen Hauptbaumarten – Buche, Eiche, Kiefer und Fichte - Abweichungen vom normalen Baum- beziehungsweise Kronenbild zeigten.

Vorauszuschicken ist die Waldsituation nach dem Ersten, stärker noch nach dem Zweiten Weltkrieg. Direkte Kriegseinwirkungen auf die Wälder und speziell nach 1945 praktizierte „Reparationshiebe" schufen riesige Kahlflächen. Ein Beispiel aus unserer Region ist die schon erwähnte Beseitigung der zerschossenen Wälder im Hürtgenwald. Sie mussten nicht nur von Restmunition und Blindgängern geräumt werden, sondern auch von den zerschossenen Bäumen. Riesige Kahlflächen standen zur Wiederaufforstung an. Nicht nur allein, um künftig wieder ausreichend Holz zu erhalten, sondern auch um den Boden zu schützen und wieder Wald zu schaffen. Das Problem war nur, dass Laubbaumpflanzen nur in geringer Menge zur Verfügung standen. Und so wurde alles überall mit dem „Nothelfer" Fichte aufgeforstet. Dicht gepflanzt, sollte sie als Erosionsschutz und zugleich Regulator und Speicher für den Wasserhaushalt dienen. Dadurch kam sie auch auf Standorte, wo sie eigentlich nicht hingehörte, wie etwa in das Fuhrtsbachtal bei Monschau, um nur ein Beispiel zu nennen. Auf Baumartenmischungen konnte dabei keine Rücksicht genommen werden. Die Devise hieß: Schnell wieder Wald schaffen. Das Ergebnis waren Monokulturen: Reinbestände aus Fichte, Kiefer, Lärche und Pappeln und erst viel später aus Buche und Eiche.

Die wieder entstehende Indus-

Baumgruppe am Wegesrand von Flerzheim

trie, die Zunahme des Eisenbahnverkehrs, der nach 1945 mit Kohlenloks begann, der ansteigende Autoverkehr, das Anwachsen des Luftverkehrs, die größer werdenden Städte, die Zunahme der Bevölkerung und nicht zuletzt höhere Viehbestände in der Landwirtschaft schufen Voraussetzungen, die für den Wald nicht ohne Folgen bleiben konnten. Trockenjahre mit folgenden Insektenkalamitäten kamen gelegentlich dazu.

Dass das „Waldsterben" aus der Luft kam, brachten Untersuchungen in verschiedenen Wissenschaftsbereichen heraus. Und da der Wald noch immer nicht gestorben war, führte die Erkenntnis über den „Sauren Regen" zu den „Neuartigen Waldschäden", die so neu eigentlich nicht waren. Man erinnerte sich, dass die Königliche Forstakademie in Tharandt bei Dresden bereits so genannte „Rauchschäden" aus der Verhüttung des Erzes im Erzgebirge untersucht hatte, und dass das Abregnen des Rauches Spuren auf den Bäumen sowie im Waldboden hinterlässt. Inzwischen weiß man, dass es Schwefeldioxid, Schweflige- und Schwefelsäure sowie Stickoxyde und Ammoniak als Salpetersäure sind, die Bäume schädigen und den Waldboden versauern. Die im Harz untersuchten Niederschläge wiesen teilweise einen hohen Versauerungsgrad mit einem PH-Wert von 2,8 auf und waren damit saurer als Essig. Die Schäden im Umland von Industrie und Kraftwerken glaubte man durch hohe Schornsteine mindern zu können. Dies war ein Trugschluss, denn so wurde das schädliche Schwefeldioxyd selbst in die Waldbereiche transportiert, die davor als Reinluftgebiete galten.

Waldschäden sind kein typisch deutsches Phänomen, denen nicht nur bei uns durch gravierende forstliche Maßnahmen beizukommen ist. Bodenkalkungen, waldbauliche Maßnahmen (Durchforstung, Wiederaufforstung, Erweiterung der Baumartenpalette und – wenn möglich – Anlage von Mischbeständen) können mindernd helfen. Vermeidung von Großkahlschlägen, sinnvolle Wildbewirtschaftung und geeignete Maschinen für die Waldarbeit gehören dazu. Entscheidend vielmehr ist an der Verbesserung der Abgasproblematik am Entstehungsort zu arbeiten, um diese auf das Notwendige zu reduzieren.

Wald als Wirtschafts- und Gesellschaftsfaktor

Die Waldfläche in Nordrhein-Westfalen beträgt rund 916.000 Hektar, was in etwa 27 Prozent der Landesfläche entspricht - das ist deutlich weniger als beispielsweise in den benachbarten Bundesländern Rheinland Pfalz (42%), Hessen (ebenfalls 42%) und Baden Württemberg (38%). Dieser Wald in Nordrhein-Westfalen ist nicht nur „Staatswald". Vielmehr gehören rund 65 Prozent (= 593.000 ha) des nordrhein-westfälischen Waldes privaten Waldbesitzern, was weit über dem Durchschnitt aller Bundesländer liegt. Kommunen, Kirchen, Stiftungen und Anstalten – subsumiert unter „Körperschaftswald" - verfügen über rund 20 Prozent Waldflächenanteil (= 178.000 ha). Dem Land Nordrhein-Westfalen gehöriger Staatswald verbleiben 13 Prozent der Waldfläche (= 114.700 ha) und in direkter Verwaltung des Bundes stehen 3 Prozent der Waldfläche (= 24.000 ha).

Wald ist nicht nur „schön", Wasserspeicher, Refugium der Pflanzen und Tiere, Erholungsort für den Menschen, Hort liebenswerter alter Bäume oder Naturschutzobjekt aller Kategorien – Wald hat auch einen wirtschaftlichen Aspekt und das nicht allein in Nordrhein-Westfalen, sondern generell in allen Bundesländern und in jedem Land der Welt. Parolen wie „Baum ab - nein danke" oder „Holz kann man importieren – Wohlfahrtswirkungen nicht" verschieben gerade in einer global aufeinander angewiesenen Gesellschaft das Problem der Multifunktionalität nur in eine andere Örtlichkeit. Und ein Zurück zum „Urwald" ist blanke Illusion, denn im Urwald kann man nicht spazieren gehen. Schließlich ist die „Produktionsstätte Holz" eine durch nichts zu ersetzende, wohl aber ständig zu pflegende Quelle unseres Daseins. Zu den wichtigsten nicht-monetären, gesellschaftlichen Funktionen des Waldes zählen vor allem:

1. Wald wirkt nachhaltig auf den Ausgleich von Temperaturschwankungen, was gerade im dicht besiedelten Nordrhein-Westfalen von besonderer Bedeutung ist.

Waldbild am Nasseplatz im Siebengebirge

2. Wald hat in jeder seiner Formen, so auch als Feldgehölz und Wallhecke, Wind bremsende Wirkung für die großräumige Landwirtschaft, beispielsweise in der Niederrheinischen Bucht.

3. Erholung Suchende finden im Wald einen Ausgleich zum Stress im Alltag auf den erschlossenen Waldwegen (insgesamt 60.000 km in NRW).

4. Wald bewirkt kühlere und staubfreie Luft, besonders in Wäldern um oder in Ballungsgebieten, wo die Luft eine hundertfach geringere Staubkonzentration aufweist (Filterwirkung der gesamten Blattmasse).

5. Der Wasserspeicher Wald und die Reinigung des angereicherten Niederschlages über den Waldboden sichert die Versorgung mit Trinkwasser. Besonders in niederschlagsarmen Zeiten erfolgt eine stete Abgabe von Wasser aus dem Waldbodenreservoir.

6. Waldböden sind ein bisher wenig bekannter Lebensraum für viele Arten von Bodenlebewesen, die intensiver wissenschaftlicher Forschung bedürfen.

7. Rund 4.000 ha Wald in Nordrhein-Westfalen - also etwa 5% der Waldfläche - sind Naturschutzgebiet. Rechnet man jede Art von Schutzstatus wie beispielsweise Landschaftsschutzgebiete, Naturwaldzellen, Quellschutzgebiete etc. zusammen, kommt man auf eine Schutzfläche von rund 72.000 ha, die vielen Lebewesen aus dem Pflanzen- und Tierreich Überlebenschancen bieten.

8. Wald ist auch der Lebensraum vieler Wildtierarten, die gleichermaßen gehegt und bejagt werden müssen. Daran sind etwa 80.000 Jäger und Jägerinnen in Nordrhein-Westfalen beteiligt – und das in einem so dicht besiedelten Land, in dem neben dem Rehwild, Rot- und Damwild, Sika- und Muffelwild sowie Schwarzwild heimisch sind.

Fichteneinschlag im Kottenforst beim Schönwaldhaus

ÖKOSYSTEM BAUM UND WALD

Grünes Bonn

Der Bonner Raum ist durch ein vielfältiges landschaftliches Erscheinungsbild im Übergang von der Norddeutschen Tiefebene zu den Mittelgebirgen im Rheintal als Achse gekennzeichnet. Hier wechseln sich ebene Wald- und Wiesenflächen mit unterschiedlichen Waldbeständen ab. Die größten zusammenhängenden Waldbereiche bilden rechtsrheinisch das Siebengebirge und linksrheinisch den Kottenforst sowie den Rheinbacher Stadtwald, der in die Voreifelwälder des Ahrgebirges übergeht. Vulkanische Aktivitäten setzen markante Landschaftspunkte. Bach- und Flussläufe und viele Seen bereichern die Landschaft und bieten abwechslungsreiche Standorte für spezielle Baumbestände. Das Rheintal selbst ist von allergrößter Attraktion, eine ursprüngliche Ausgestaltung der Tallandschaft wird noch von der Düne Tannenbusch repräsentiert. Auenbereiche sind an der Sieg- und Ahrmündung vorhanden, selbst Bachläufe zeigen noch vielfältigen Uferbewuchs.

Menschlicher Gestaltungswille hat in mannigfaltiger Weise zum Grün im Bonner Raum beigetragen. Bestes Beispiel hierfür ist der Kottenforst, der schon den Kurfürsten als Jagdrevier diente und der durch seinen hohen Bestand alter Bäume charakterisiert ist. Gärtnerisches Gestalten der Landschaft war schon immer auch ein feudales Anliegen und bis heute profitieren die Menschen davon. Die Struktur eines Renaissancegartens ist noch an der Wachtberger Burg Gudenau zu erkennen. Kurfürstliche Gärten bieten der Hof-

Am Forstbotanischen Garten in Köln

garten und der Alte Zoll. Als sich im beginnenden Industriezeitalter die großen Unternehmer ihre Villen am Rhein errichteten, umgaben sie ihre Anwesen mit ausgedehnten Parkanlagen, von denen heute viele öffentlich zugänglich sind und deren Baumbestand teilweise sogar unter Denkmalschutz steht. Das beste Beispiel hierfür bietet der Park der Villa Carstanjen. Sehenswert für ihren Baumbestand sind darüber hinaus die Friedhöfe Bonns und der umliegenden Orte, allen voran der Alte Friedhof und der Poppelsdorfer Friedhof.

Von großem Freizeitwert sind die Landschaftsparks, die nach dem Zweiten Weltkrieg mit ihren Wiesenflächen und Baumgruppen als Naherholungsräume für die Bevölkerung geschaffen wurden. Als Bonn die Bundesgartenschau ausrichtete, entstand beiderseits des Rheins der Rheinauenpark. Neueste Projekte in Bonn sind die Grünzüge in Dransdorf und Tannenbusch, die großartige Freiflächen bieten. Auch die umgebenden Orte verfügen über entsprechende Parklandschaften, wie etwa die Kurparks in Bad Honnef und Bad Neuenahr mit ihren sehenswerten alten Bäumen. In diesem Zusammenhang sind auch der neue Freizeitpark in Rheinbach und der Alfterer Jakob-Wahlen-Park am Hirnsberg zu sehen.

Erfreulicherweise ist festzustellen, dass inzwischen auch wieder das Interesse an Alleen gewachsen ist. So führt der nordrheinische Teil der inzwischen hier ausgeschilderten Deutschen Alleenstraße über Lohmar, Siegburg, durch das Pleiser Ländchen und das Siebengebirge zum Rhein in Königswinter. Besonders reizvoll

Hofgarten mit Blick auf die Universität

ÖKOSYSTEM BAUM UND WALD

ist die 1.500 Meter lange Allee am Annaberger Weg, dem beiderseitigen Zugang zum Annaberger Hof im Kottenforst, bestehend aus 110 Obstbäumen, davon 65 Apfel-, 30 Birnen-, 10 Pflaumen- und 5 Kirschbäume. Eine Platanen-Allee befindet sich an der Landstraße L 333 von Hennef nach Hossenberg. Und neu ist die Allee entlang der Landstraße L269 (Teil der Ortsumgehung Niederkassel), wo insgesamt 550 Kaiserlinden auf einer Länge von 4,3 Kilometern gepflanzt wurden.

Weiterhin interessant für den Erhalt wertvoller Grünflächen ist das Bemühen um den Bestand von Streuobstwiesen, die zwischenzeitlich unter anderem auch von Mitgliedern des Naturschutzbundes gepflegt werden. An der Waldau beispielsweise befindet sich eine solche historische Streuobstwiese. Weitere Beispiele bieten die Streuobstwiesen zwischen Burg und Kirche in Lüftelberg, am Forsthaus Schönwaldhaus in Villiprott oder das Arboretum alter Obstbäume des Sängerhofes in Meckenheim.

Forstbotanisch am interessantesten sind zweifelsohne die Botanischen Gärten der Universität Bonn und das Kölner Arboretum, das offiziell Forstbotanischer Garten heißt, und sich am Verteilerkreis im Süden der Stadt befindet. Im Übrigen gibt es noch einen Baumlehrpfad um die Steinbachtalsperre – ein reizvoller Spaziergang, den man mit einer Einkehr in der Waldgaststätte an der Talsperre abschließen kann.

Mischwald im Siebengebirge

Wälder rund um Bonn
Das Siebengebirge

Das Siebengebirge bietet mit seiner markanten Silhouette und 200 Kilometern Wanderwegen eines der attraktivsten Waldgebiete im Raum Bonn, Teile davon gehören sogar noch zum Stadtgebiet. Die Kernflächen des Siebengebirges stehen unter Naturschutz – es ist das älteste Naturschutzgebiet Deutschlands und das größte in Nordrhein-Westfalen.

Das Siebengebirge zählt zu den geologisch interessantesten Gebieten des Rheinlandes. Die Geschichte dieses Bergzuges begann im Erdzeitalter des Unterdevons vor 380 Millionen Jahren, als sich hier noch ein Flachmeer ausbreitete. Während des Erdzeitalters des Oberkarbons vor 300 Millionen Jahren wurden die Schichten im Zuge der variskischen Gebirgsfaltung zu einem gewaltigen Faltengebirge aufgewölbt, und das Siebengebirge ragte als so genannte "Rheinische Insel" aus dem umgebenden Meer heraus. Vor 30 Millionen Jahren begann sich dann das Rheinische Schiefergebirge zu heben, wobei die Niederrheinische Bucht zwischen Eifel und Bergischem Land keilförmig einbrach. Diese tektonischen Verwerfungen lösten den Vulkanismus aus, dessen Relikte heute als Bergkegel die Silhouette des Siebengebirges bestimmen. Sieben Vulkankuppen treten besonders hervor, so der Große Ölberg (461m), die Löwenburg (455m), der Lohrberg (435m), der Nonnenstromberg (336m), der Petersberg (331m), die Wolkenburg (324m) und der Drachenfels (321m) – insgesamt sind es nämlich über vierzig Kuppen. Doch trägt das Siebengebirge seinen Namen nicht wegen dieser sieben markanten Vulkankuppen, sondern eher wegen seiner tief eingeschnittenen, "Siefen" genannten Täler.

Das Naturschutzgebiet und der Naturpark Siebengebirge umfassen auf einer Fläche von 48 Quadratkilometern mannigfaltige Lebensräume. Kleinräumig wechseln sich Hainsimsen- und Waldmeisterbuchenwald mit Erlen-Eschenwäldern, Schluchtwäldern, Stieleichen- und Labkraut-Hainbuchenwäldern ab. Naturnahe Waldgesellschaften bilden der Linden-Ahornwald und der Eichen-Buchenwald am Leyberg, der Buchen-, Erlen- und Eschenwald im Mucher Wiesental, der Hainsimsen-Buchenwald im Hartenbruch, der typische Perlgras-Buchenwald an der Löwenburg und am Ölberg, der Hainsimsen-Perlgras-Buchenwald am Ölberg, der geophytenreiche (früh blühende Pflanzen) Perlgras-Buchenwald an der Rabenley und nicht zuletzt der elsbeerreiche Eichen-Hainbuchenwald an der Dottendorfer Hardt und am Kuckstein sowie der Rabenley. Die sonnenwarmen Felsen, die Obstwiesen und ehemaligen Weinberge bieten vielen Pflanzen und Tieren, die auf der Roten Liste gefährdeter Arten stehen, noch genügend Existenzmöglichkeiten. Allein von den etwa 800 im Siebengebirge vorkommenden Pflanzenarten stehen 50 auf dieser Liste. Unter den Tieren sind dies beispielsweise der Schwarzspecht und die Zippammer. Als Besonderheit ist ein 14 Hektar großer Kopfbuchenbestand zwischen Rabenlay und Kuckstein anzusehen, der früher der Gewinnung von Rebpfählen und Brennholz diente.

Kottenforst

Auf dem Villerücken südwestlich von Bonn erstreckt sich auf etwa 170 Meter Höhe über dem Meeresspiegel der Kottenforst. Ein rund 35 Quadratkilometer großer Wald auf einem Hochplateau, der durch alte Winterlinden-Stieleichen-Wälder mit Hainbuchen und Rotbuchen geprägt ist.

Der Kottenforst als ein historisch äußerst interessantes, 35 Quadratkilometer großes Waldgebiet erstreckt sich auf einem Hochplateau etwa 170 Metern Höhe über dem Meeresspiegel auf dem Villerücken südwestlich von Bonn. Es weist beeindruckende Eichen-, Buchen-, Winterlinden- und Nadelholzbestände auf. Eingebettet in dieses Waldareal sind zahlreiche wertvolle Biotope mit artenreichen Vorkommen heimischer Flora und Fauna, zwei Naturwaldzellen und noch sichtbare Relikte einstiger Kopfbuchenwirtschaft.

Bereits die Römer siedelten im Bereich des heutigen Kottenforstes, der in einer fränkischen Urkunde aus dem Jahr 973 als „Königsforst" ausgewiesen ist. Im frühen Mittelalter war der Kottenforst im Besitz der Abtei Siegburg. Im 16. Jahrhundert ging er an die Kölner Kurfürsten, deren Jagdpassion diesen Wald in herrschaftlichem Zustand erhielt – ganz im Gegen-

Das Jägerhäuschen im Kottenforst

Das Jägerhäuschen wurde um 1750 im Kottenforst als eine der Relaisstationen zum Pferdewechsel für die Parforcejagden des Kurfürsten Clemens August gebaut. Es liegt genau im Schnittpunkt der Merler Bahn, einem der sternförmig vom Kurfürsten für die Parforcejagd angelegten Wege im Kottenforst, mit dem Professorenweg, einem der Querwege dieses Systems. Hier konnten die Pferde gewechselt werden. Das Jägerhäuschen enthält neben dem kleinen Auf-enthaltsraum für die Jagdhelfer auf der linken Seite einen größeren Pferdestall auf der rechten Seite des Gebäudes. Nachdem Kurfürst Clemens August im Jahre 1761 verstorben war, wurden keine Parforcejagden mehr im Kottenforst durchgeführt, das nunmehr nicht mehr benötigte Jägerhäuschen verfiel. Inzwischen hat das zuständige Forstamt das Jägerhäuschen renoviert und seine Pflege und gelegentliche Nutzung übernommen.

satz zu den anderen Wäldern der näheren und weiteren Umgebung, die längst durch Abholzung, Beweidung und Laubentnahme in Mitleidenschaft gezogen waren. Am nachhaltigsten prägte Kurfürst Clemens August (1723-61) den Kottenforst, indem er – von dem nicht mehr existierenden Jagdschloss Herzogsfreude in Röttgen als Mittelpunkt ausgehend - ein sternförmiges Wegenetz für die von ihm bevorzugten Parforcejagden anlegen ließ. Diese Wege bilden bis heute die wichtigsten Wirtschafts- und Wanderwege durch den Kottenforst.

Dem hohen Alter mancher Baumbestände im Kottenforst trägt auch die Unterschutzstellung einzelner Eichen Rechnung. Leider musste die 300 Jahre alte „Schnacke Eiche" bei Villiprott 2006 wegen Pilzbefalls gefällt

werden. Dagegen steht die 280 Jahre alte „Mammuteiche" noch in der Nähe des Bahnhofs Kottenforst, ebenso wie die weit über 300 Jahre alte „Dicke Eiche" nahe dem Jägerhäuschen. Darüber hinaus stehen weitere Stieleichen, zwei Traubeneichen und auch eine starke Fichte im Kottenforst unter Schutz.

Rheinbacher Wald

Der sich südlich von Rheinbach am Eifelanstieg erstreckende Rheinbacher Stadtwald umfasst eine Fläche von mehr als 800 Hektar und ist Teil des Naturparks Rheinland. Er bildet den Übergang von der Bördelandschaft zu den bewaldeten Randhöhen der Nordeifel. Das fast geschlossene Waldareal ist durchzogen von vielen na-

Rheinbacher Stadtwald an der Tomburg

ÖKOSYSTEM BAUM UND WALD

türlich verlaufenden Bächen mit zahlreichen Schlingen und Windungen, die wiederum idyllische Weiher mit Wasser speisen. Bergrücken und Kuppen geben dem Waldgebiet den Charakter einer bis 300 Meter ansteigenden Hügellandschaft. Doch seinen eigentlichen Wert machen seine alten, naturnah bewirtschafteten Baumbestände aus. Dieser reichhaltige und vielfältige Baumbestand mit unterschiedlichen Mischungs-, Alters- und Aufbauformen besteht zu mehr als der Hälfte aus hauptsächlich Traubeneichen und Rotbuchen mit einem Durchschnittsalter von über 100 Jahren. Rund ein Drittel des Mischwaldes bilden Nadelgehölze. Seltene Baumarten wie Ahorn, Kirsche, Lärche oder Douglasie erweitern das Erschei-

nungsbild des Waldes, der heute in natürlicher Verjüngungsform bewirtschaftet wird und deshalb wenig sichtbaren Veränderungen unterliegt.

Zu den großen Sehenswürdigkeiten im Rheinbacher Stadtwald zählen die Ruine der über 1.000 Jahre alten Tomburg und die Waldkapelle vom Ende des 17. Jahrhunderts, die von großen Platanen umgeben ist. Südwestlich an den Rheinbacher Wald schließt sich der Flamersheimer Wald an, einer der größten geschlossenen Waldbestände Deutschlands, in dem sich auch die Steinbachtalsperre befindet. Hier kann man noch stundenlang auf gut erhaltenen Wegen durch alte Buchen- und Eichenwälder wandern und den herrlichen Wald genießen!

Mächtige Platane am Alten Zoll

Bonner Parks

Vielfältig sind die Bonner Parkflächen, die als „Grüne Lungen" der Stadt ihren Bürgern Möglichkeiten zur Muße, der Erholung und der Freizeit eröffnen. Viele dieser Grünanlagen haben einen weit zurückreichenden historischen Hintergrund. Gerade die Anlagen im Zentrum der Stadt gehen auf die hier residierenden Kurfürsten zurück, die im 18. Jahrhundert das bis heute erhaltene Barockensemble aus Hofgarten, Poppelsdorfer Allee und Botanischem Garten bis hin zum Baumschulwäldchen schufen.

Barocke Gartenkunst

Im Zuge des Ausbaus von Bonn zur kurfürstlichen Residenzstadt ließ Kurfürst Joseph Clemens das Bonner Schloss zu einem prachtvollen Barockbau ausbauen, dessen Südfassade der Hofgarten vorgelagert war. Vor allem Clemens August als der bedeutendste der Kurfürsten nutzte diesen nach französischem Vorbild mit Baumhecken, Statuen, Beeten und einem tiefer gelegenen, Parterre angelegten Garten mit Sicht zum Rhein zu seiner Repräsentation. Schon zu Beginn der Preußenzeit, als die Residenzgebäude die neue Universität beherbergten, wurde anstelle des großen Brunnens im Parterre die „Anatomie" nach Plänen von Schinkel errichtet – heute beherbergt der Bau das Akademische Kunstmuseum.

Hofgarten
53111 Bonn, Am Hofgarten, ganzjährig geöffnet, Eintritt frei.

An der östlichen Seite zum Rhein hin liegt der Alte Zoll, eine Bastion aus dem 17. Jahrhundert. Die Eckbastion dieser Bonner Zollfeste ist noch in ihrer ganzen Mächtigkeit erhalten. Zu Beginn des 18. Jahrhunderts war ihre Funktion hinfällig geworden, die Feste wurde geschleift und das Gelände als Stadtgarten im Sinne eines englischen Landschaftsparks mit exotischen Bäumen an den Hofgarten angeschlossen. Heute prägen Kastanien diese Gartenfläche. Beliebt ist der Biergarten, im Musikpavillon finden im Sommer Konzerte statt.

Alter Zoll
53111 Bonn, Brassertufer, ganzjährig geöffnet, Eintritt frei.

Die Verlängerung des Hofgartens in Richtung Poppelsdorfer Schloss wird von der Poppelsdorfer Allee eingenommen. Es war die Promenade für den Hof und die Bürger, das einfache Volk war nicht zugelassen. Geplant war zu Beginn des 18. Jahrhunderts durch Kurfürst Joseph Clemens der Bau eines Kanals zwischen Residenz und Poppelsdorfer Schloss, aber dann favorisierte man die Anpflanzung einer Baumallee. Schon Mitte des Jahrhunderts war die doppelte Kastanienallee angelegt, eine Baumart, die damals noch als exotisch galt. Der mittlere Rasenteppich gibt den Blick zwischen den beiden Schlössern frei – wenn nicht

1855 durch den Bau der Bahntrasse die Allee durchschnitten worden wäre.

Poppelsdorfer Allee
53115 Bonn, ganzjährig geöffnet, Eintritt frei.

Der Botanische Garten wurde in seiner heutigen Bestimmung erst 1819 im englischen Landschaftsstil angelegt. In kurfürstlicher Zeit stand hier bis 1583 eine gotische Wasserburg. Anstelle der Ruine wurde von 1715 bis 1740 durch Kurfürst Joseph Clemens ein Barockschloss, das heutige Poppelsdorfer Schloss, angelegt. Sein Nachfolger Clemens August ließ das Schloss nach Plänen von Balthasar Neumann erweitern. Der Park um das Schloss war aber noch ganz der französischen Gartenkunst verpflichtet. Im Zuge der Etablierung der neuen Bonner Universität in preußischer Zeit wurde dieser Park in einen wissenschaftlichen Garten umgestaltet. Zur Wende zum 20. Jahrhundert galt der Bonner Botanische Garten als einer der bedeutendsten ganz Deutschlands – was er bis heute geblieben ist. Heute verfügt der Garten über einen Bestand von über 10.000 Pflanzenarten auf sechs Hektar Freiland und im tropischen Gewächshaus. Eine immer wieder neue Sensation bietet das Aufblühen der zu den Aronstabgewächsen (*Araceae*) zählenden Titanwurz (*Amorphophallus titanum* - aus dem griechischen *amorphos* für unförmig und *phallos* für Penis), der größten Blume der Welt. Im Mai 2006 trieben aus einer 117

Kilogramm schweren Titanwurzknolle sogar drei Blüten auf einmal!

Botanische Gärten
der Universität Bonn
53111 Bonn, Meckenheimer Allee 171, Tel.: (0228) 73 55 23, www.botgart.uni-bonn.de, geöffnet April-Okt. Mo-Fr 10-18 Uhr, So und Feiertage bis 17.30 Uhr, Gewächshäuser Mo-Fr 10-12 und 14-16 Uhr, So und Feiertage 10-17.30 Uhr, Eintritt So 2 €, ermäßigt 1 €, Nov.-März Mo-Fr 10-16 Uhr, Gewächshäuser Mo-Fr 10-12 und 14-16 Uhr, 2010 wegen Renovierung geschlossen.

Zum eigentlichen Botanischen Garten zählen noch der Nutzgarten in der Nähe des Haupteinganges am Katzenburgweg mit über 2.000 verschiedenen Nutzpflanzen sowie die Außenanlage am Melbbad mit einer weiteren interessanten Pflanzensammlung, unter anderem mit Mammutbäumen, Magnolien und Gardenien.

Nutzpflanzengarten
der Universität Bonn
53115 Bonn, Katzenburgweg 5

Melbgarten
der Universität Bonn
Nachtigallenweg, beide Gärten sind nur zu speziellen Anlässen geöffnet.

Auch der Friesdorfer Park zählt noch zu den Fachgärten in Bonn. Er wurde 1919 als „Sichtungsgarten" der Lehr- und Versuchsanstalt Friesdorf der Landwirtschaftskammer Rheinland angelegt. Später wurde er in einen Schulgarten umgewandelt. Seit Mitte der 80er Jahre des vorigen Jahrhunderts ist er als gartenarchitektonischer Kleinpark der Öffentlichkeit zugänglich.

Friesdorfer Park
53175 Bonn, Heinemannstraße
ganzjährig geöffnet, Eintritt frei.

Das Baumschulwäldchen am Wittelsbacherring ist auch Teil der Kurfürstlichen Gartenanlagen. Früher lag das Gelände vor der Stadtmauer und war in das System der Alleen mit einbezogen. In dem kleinen Gelände befindet sich noch das Gärtnerhaus der kurfürstlichen Baumschule, das heute für Ausstellungen genutzt wird. Im Parkgelände ist die 120jährige Kastanie als Baumdenkmal geschützt.

Baumschulwäldchen
53111 Bonn, Wittelsbacher Ring
ganzjährig geöffnet, Eintritt frei.

Der letzte Kurfürst Max Franz ließ 1789 den Draitschbrunnen fassen und schuf damit die Grundlage für das Kur- und Badewesen in Godesberg. 1790 ließ er die Redoute als Ball- und Konzertsaal und eine Platanenallee vom Brunnen zum neuen Gebäude errichten. Die inzwischen über 40 Meter hohen alten Bäume an der heutigen Brunnenallee sind als Baumdenkmale geschützt. Die Kurparkanlagen entstanden erst nach der napoleonischen Zeit. Der Redoutenpark oberhalb der Redoute wurde ab 1820 als Landschaftspark mit Blick auf das Siebengebirge angelegt und verfügt über einen großartigen alten Baumbestand. Teilweise über 100jährig sind ein Ginkgo, eine Schlitzblättrige Rosskastanie, eine Douglasie, ein Riesenmammutbaum, verschiedene Rotbuchen, eine Blutbuche und zwei

Im Baumschulwäldchen

ÖKOSYSTEM BAUM UND WALD

Eschen als Baumdenkmale geschützt. Der Blick auf das Siebengebirge ist aber inzwischen längst verbaut. Der Redoutenpark geht unterhalb in den Stadtpark über, heute getrennt durch die Kurfürstenallee. Er entstand wie der Redoutenpark im Stil eines englischen Landschaftsgartens. Auch hier findet der Besucher einen sehenswerten Baumbestand, teilweise in Gruppen, teilweise solitär. Im Parkgelände befinden sich die Godesberger Stadthalle und ein Teich mit Fontäne. Eine 200jährige Blutbuche sowie die vielstämmige Rhododendrengruppe, ein weiblicher Ginkgo und ein Götterbaum sind denkmalgeschützt.

Redoutenpark
53177 Bonn – Bad Godesberg, Kurfürstenstraße 1, ganzjährig geöffnet, Eintritt frei

Stadtpark Bad Godesberg
53177 Bonn – Bad Godesberg, Koblenzer Straße, ganzjährig geöffnet, Eintritt frei.

Herrschaftliche Parks

Der Bürgerpark Oberkassel entstand aus dem einstigen Park des Lippischen Palais, so benannt, weil der Besitz durch Heirat an die Grafen von Lippe gefallen war. Das Herrenhaus auf dem Gelände wurde 1764 nach Plänen von Johann Conrad Schlaun errichtet und von einem weit umfriedeten Park umgeben. Der zum Rhein reichende Parkteil mit seinem schönen alten Baumbestand bildet heute den Bürgerpark Oberkassel. An die alten Zeiten erinnert das noch erhaltene kleine Teehaus am unteren Ende mit Blick auf den Rhein.

Altes Teehaus im Bürgerpark Oberkassel

Bürgerpark Oberkassel
53227 Bonn-Oberkassel, Königs-
winterer Straße 705-09, ganzjährig
geöffnet, Eintritt frei.

Einst war das Rheinufer südlich
von Bonn mit Weingärten be-
stockt. Hier ließ der Wahl-Bonner
Professor der Universität Bonn
und Mitglied der Deutschen Na-
tionalversammlung Ernst-Moritz-
Arndt 1819 sein klassizistisches
Wohnhaus errichten. Im Garten
pflanzte Arndt Rosen und Obstbäume. Auch heute noch sind der
Rosengarten und das rechtwink-
lige Wegesystem kennzeichnend
für den Ernst-Moritz-Arndt-Garten.
Bäume und Sträucher fassen den
Garten ein.

Ernst-Moritz-Arndt-Garten
53113 Bonn, Adenauerallee 79,
ganzjährig geöffnet, Eintritt frei.

Parks der Gründerzeit

Zwischen Bonn und Bad Go-
desberg errichteten sich im 19.
Jahrhundert viele Industrielle angesichts der herrlichen Aussicht
auf das Siebengebirge hochherr-
schaftliche Villen, von deren weit-
läufigen Parks heute einige Besu-
chern zum Verweilen offen stehen.
Nicht öffentlich sind die Parks der
Villa Hammerschmidt und des Palais Schaumburg. Schade – denn
im Park der Villa Hammerschmidt
stehen mehrere Buchen und Gink-
gos, Kiefern, eine Linde und ein
Ahorn sowie Scheinzypressen
als Baumdenkmale unter Schutz.
Auch der Park des ehemaligen
Bundeskanzleramtes ist nicht öffentlich zugänglich. Sie können
nur am Tag des Offenen Denkmals
betreten werden. Hier stehen verschiedene Bäume unter Schutz, so

Im Park von Haus Carstanjen

eine an die 150 Jahre alte Platane, eine 100jährige Geschlitztblättrige Buche, ein 70jähriger Amberbaum und noch exotischere Exemplare wie ein 70jähriger Blasenbaum (*Koelreuteria paniculata*) und eine 80jährige Kaukasische Zelkove (*Zelkova serrata*). Gleichfalls nicht zugänglich ist der Rigal'sche Park in Bad Godesberg. Hier stehen ein 125 Jahre alter Amberbaum, eine gleich alte Hemlocktanne, eine Sumpfzypresse und ein alter Ilex unter Schutz. Im Park der Muffendorfer Kommende stehen drei mächtige, geschützte, weit über 100jährige Buchen – das ganze Anwesen ist heute ein privater Wohnpark.

Öffentlich zugänglich ist dagegen der Park der Villa Carstanjen auf der Höhe des Hochkreuzes am Rhein, einst „Auerhof" genannt. Heute ist hier eine UN-Organisation untergebracht. Das weitläufige Parkgelände bietet einer Vielzahl majestätischer Bäume Platz. Unter Schutz stehen eine 200 Jahre alte Blutbuche, eine 130jährige Libanon-Zeder und ein gleichaltriger Trompetenbaum.

Park Haus Carstanjen
53175 Bonn, Martin-Luther-King-Straße 8, ganzjährig geöffnet, Eintritt frei.

Ebenfalls öffentlich zugänglich ist der Drachensteinpark in Mehlem. Das lang gestreckte, von alten Bäumen gesäumte Areal gibt die Sicht auf den Drachenfels frei. Die Wiesenfläche führt zum Rhein hin abwärts. Ein Springbrunnen

bereichert das Panorama dieser großartigen Kulisse.

Drachensteinpark
53179 Bonn-Mehlem, Mainzer Straße 210, ganzjährig geöffnet, Eintritt frei.

In die Epoche der Errichtung hochherrschaftlicher Villen am Rhein fällt auch die Anlage des Panoramaparks während des Ausbaus des Godesberger Rheinufers Ende des 19. Jahrhunderts. Hier entstand ein großzügiger Schiffsanleger mit Aussichtsplattform und einer Bastei sowie einem rückwärtigen Parkgelände. Auch hier gibt die zentrale Achse des Parks den Blick auf das untere Siebengebirge frei. Ein rechteckig angeordnetes Wegesystem gliedert das von Bäumen gesäumte Wiesengelände.

Panoramapark
53173 Bonn – Bad Godesberg, Rheinallee, ganzjährig geöffnet, Eintritt frei.

Im Siebengebirge selbst mit seinen herrlichen Buchen- und Eichenwäldern stellt der Park der Drachenburg ein weiteres Highlight dar. Hier wurde vom Gartenarchitekten das Gelände geschickt ausgenutzt, um immer wieder die Sicht auf den Rhein freizugeben. Alte Laub- und Nadelbäume zieren die großzügig angelegte Gartenanlage zwischen Drachenburg und restaurierter Vor-burg. Drachenburg und Vorburg können zu Fuß ab dem Parkplatz oberhalb von Königswinter oder mit der Drachenfelsbahn erreicht werden. Die Drachenburg bietet Ausstellungsräume zu ihrer

Geschichte, die Vorburg ist als Museum für die Geschichte des Naturschutzes in Deutschland unter besonderer Berücksichtigung des Siebengebirges eingerichtet.

Schloss Drachenburg
53639 Königswinter,
Drachenfelsstraße 118,

Stiftung Naturschutzgeschichte
In der Vorburg zur Drachenburg,
geöffnet April bis 1. Nov.
Di-So 11-18 Uhr.

Freizeit- und Naherholungsparks

Nicht erst die gesellschaftspolitische Entwicklung der Zeit nach dem Zweiten Weltkrieg hat die Stadtväter dazu bewegt, den Bürgern große Garten- und Freiflächen zur Naherholung und Muße bereitzustellen. Auch im 19. Jahrhundert wurde schon viel zur Anlage von Parkflächen für die Bevölkerung unternommen. Kurparks wie die von Bad Honnef, Bad Neuenahr oder dem späteren Bad Godesberg bieten entsprechende Beispiele, genauso wie der Ausbau des Rheinufers zur Rheinuferpromenade. Die Rheinromantik dieses Jahrhunderts hat zweifelsohne dazu beigetragen, die landschaftlichen Reize dieses großen Stromes auch für touristische Zwecke zu nutzen. Das Ufer wurde befestigt, Gehwege und Treppenanlagen angelegt, Schiffsanleger gebaut, Gaststätten errichtet und das lang gezogene Gelände attraktiv bepflanzt. Heute ist die Rheinpromenade 29 Kilometer lang und einer der meist genutzten Erholungsräume für Spaziergänger, Radler und Skater.

Alter Baumbestand im Drachenburgpark

ÖKOSYSTEM BAUM UND WALD

Als Bonn im Jahre 1979 die Bundesgartenschau ausrichtete, entstanden unter anderem der links- und rechtsrheinische Rheinauenpark als neue Parkfläche der damaligen Bundeshauptstadt. Das 160 Hektar große Areal, davon 35 Hektar auf rechtsrheinischem Gebiet, beinhaltet ein 45 Kilometer langes Wegenetz und den 16 Hektar großen Auensee. Weitläufige Rasenflächen wechseln sich mit einzelnen Bäumen, Baumgruppen und Sträuchern ab. Großzügige Begrenzungspflanzungen schirmen zur Kläranlage und zur Autobahnbrücke ab, typische Auewaldbepflanzungen wurden zum Rhein hin vorgenommen. Dazu kommen der Japanische Garten, der Blindengarten, die Römerstraße mit Denkmälern und nicht zuletzt der Lehrpfad der Jahresbäume – seit 1989 wird hier regelmäßig je ein „Baum des Jahres" gepflanzt.

Rheinauenpark
Linksrheinisch und rechtsrheinisch, ganzjährig geöffnet, Eintritt frei.

Weniger bekannt, aber nicht minder attraktiv, sind weitere, oft auch kleinere Parkflächen in Bonn. Da ist zunächst einmal der Derlepark zu benennen. Immerhin umfasst diese Parkfläche zwischen Hardtbergwald und Brüser Berg eine Fläche von 33 Hektar. Auf diesem der Frischluftzufuhr Bonns dienenden Taleinschnitt mit alten Streuobstflächen wurden im Jahr der Bundesgartenschau an die 90.000 Bäume gepflanzt. Das neun Kilometer lange Wegenetz zwischen Wiesen und Waldflächen mit drei kleinen Stauteichen bietet genügend Raum als Freizeitfläche.

Grillplatz im rechtsrheinischen Teil des Rheinauenparks

Derletal-Park
53125 Bonn-Hardtberg, In der
Dehlen, ganzjährig geöffnet,
Eintritt frei.

Attraktiv ist auch der Finkenberg-
park oberhalb von Limperich.
Hier hatte das Adelsgeschlecht
von Limperich seinen Sitz, von
deren Burg noch Mauerreste und
der Stumpf des Bergfrieds erhalten sind. Der Basaltkegel wurde
als Steinbruch genutzt, der Hang
als Weinberg. Nach dem Zweiten
Weltkrieg verfiel das Gelände, das
einst im Zuge der Rheinromantik
gern von Bonner Professoren mit
ihren Studenten aufgesucht wurde. Inzwischen bemüht sich der
Bürgerverein von Limperich um
das Gelände, ein erster Weinberg
wurde wieder eingerichtet. Das
Gelände, das wieder in seinen historischen Zustand aus Brach-, Reb-
und Streuobstflächen zurückver-
setzt werden soll, ist heute teilweise Naturschutzgebiet und lädt
auf zugelassenen Wegen zu einem
Spaziergang mit einem schönen
Blick auf Bonn ein.
Finkenberg-Park
53227 Bonn-Limperich, Finken-
bergstraße, ganzjährig geöffnet,
Eintritt frei.

Ganz neu sind die Freizeitparks im
Norden von Bonn. Der 21 Hektar
große Grünzug Bonn-Dransdorf,
begonnen zu Beginn dieses Jahrhunderts, bietet auf weitläufig
modellierten Wiesen und Hügeln
mit Strauchgruppen und Baumflä-
chen vielseitigen Raum für die unterschiedlichsten Freizeitbedürf-

nisse der Bonner Bürger mit Kin-
dertreff, Jugendtreff und Grill-
möglichkeiten. Der Grünzug Nord
ist im ersten Abschnitt zwischen
Autobahn- und Bundesbahntrasse
fertig gestellt. Hier bietet ein Am-
phitheater einen zentralen Treff-
punkt, ein Naturteich mit Kopfweiden und großem Sumpfgürtel
bereichert das Gelände.
Grünzug Bonn-Dransdorf
53121 Bonn, Grootestraße,

Grünzug Nord: 53119 Bonn-Tannenbusch, Waldenburger Ring,
beide Parks ganzjährig geöffnet,
Eintritt frei.

Sonstige Grünflächen

Ein außergewöhnliches Landschaftsbild bietet die Düne Tannenbusch. Ihre Entstehung geht
auf das Ende der letzten Eiszeit
vor 12.000 Jahren zurück, als kalte
Winde Rheinsand zu Dünen auf-
türmten. Die erhaltenen Reste dieser historischen Dünenlandschaft
wurden 1989 unter Naturschutz
gestellt. In seiner dünentypischen
Baumvegetation mit Silbergras-
fluren gingen die Kurfürsten gern
der Jagd nach. Das heute sieben
Hektar große, außergewöhnliche
Gelände kann auf seiner ganzen
Länge auf einem hindurch füh-
renden Weg begangen werden.
Düne Tannenbusch
53119 Bonn-Tannenbusch, An der
Düne, ganzjährig geöffnet,
Eintritt frei.

ÖKOSYSTEM BAUM UND WALD

Relativ klein ist das Parkgelände um die alte Burg Endenich, dafür ist sein Baumbestand umso bemerkenswerter. Viele seiner Bäume stehen unter Denkmalschutz. Dazu zählen ein Virginischer Wacholder, drei Esskastanien, eine Rotbuche, ein Ahorn, eine Winterlinde sowie zwei Feldulmen. Die Bäume sind teilweise weit über 100 Jahre alt. Die älteste 130jährige Esskastanie hat einen Stammumfang von vier Metern!

Burgpark Endenich

53121 Bonn-Endenich, Am Burggraben 18, ganzjährig zugänglich, Eintritt frei.

Noch kleiner ist das Burggelände in Dransdorf. Immerhin stehen die fünf Winterlinden auf dem Gelände unter Naturschutz.

Burgpark Dransdorf

53123 Bonn-Dransdorf, An der Dransdorfer Burg, ganzjährig zugänglich, Eintritt frei.

Ein Park der besonderen Art ist der Park der Rheinischen Landesklinik. Er hatte von Anfang an auch eine therapeutische Zielsetzung. Der unglaublich vielseitige Baumbestand im Park lässt diesen wie ein Arboretum wirken. Die meist solitär stehenden Bäume inmitten gepflegter Wiesen hinterlassen den gleichen repräsentativen Eindruck wie die aus der Wende zum 20. Jahrhundert entstandenen Bauten der Klinik.

Park Rheinische Landesklinik

53111 Bonn, Kaiser-Karl-Ring 20, ganzjährig zugänglich, Eintritt frei.

Härle Park

Im Jahre 1870 erwarb der damalige Direktor der Rheinischen

Im Härle-Park in Oberkassel

Eisenbahn-Gesellschaft ein Gelände in Oberkassel am Hang des Siebengebirges, wo er sich ein großes Landhaus errichtete und mit dem begann, was dann zum Härle Park werden sollte. Noch im gleichen Jahr pflanzte er unter anderem zwei Atlas-Zedern, einen Ginkgo, einen Mammutbaum und eine Weihrauchzeder, die alle noch stehen. Heute umfasst das 4,7 Hektar große Gelände umfangreiche Pflanzensammlungen insbesondere an Rosen, wertvollen Solitärpflanzen und seltenen Gehölzen. Das milde Klima am Siebengebirgshang ermöglicht die Kultur zahlreicher frostempfindlicher, teils mediterraner Gehölze. Schwerpunkte des Baumbestandes liegen bei Wacholdern, Scheinzypressen, Eiben, Lebensbäumen sowie der seltenen Pyrenäen-Eiche, dem Zimt-Ahorn und bei Hartriegeln.

Stiftung Arboretum Park Härle
53227 Bonn-Oberkassel, Büchelstraße 40, Führungen März-Okt. jeweils 1. Sa im Monat 10 Uhr und jeweils 3. Mi im Monat 17 Uhr, Gruppenführungen auf Anfrage, Spende erwünscht, Parkmöglichkeit nur oberhalb des Sportplatzes.

Friedhöfe

Eigentlich weisen alle Friedhöfe in Bonn und Umgebung einen interessanten Baumbestand auf, besonders auch an solitär stehenden Exemplaren mit gutem Wuchsbild. So stehen am nördlichen Rand des Kessenicher Friedhofs neun hohe Schwarzpappeln sogar unter Denkmalschutz.

Der interessanteste unter allen Friedhöfen Bonns ist zweifelsohne der Alte Friedhof. Er zählt zu den bedeutendsten Friedhöfen Deutschlands, dies vor allem wegen der vielen Gräber herausragender Bonner Persönlichkeiten des 19. Jahrhunderts, allen voran das von Clara und Robert Schumann, aber auch wegen seines bedeutenden Bestandes ehrwürdiger Bäume. Einst lag er vor den Toren Bonns, zunächst 1715 als Soldaten- und Fremdenfriedhof eingerichtet. 1884 wurde er mit Eröffnung des Nordfriedhofs für Neuzugänge geschlossen, Familiengräber können aber weiter genutzt werden. Seit über 100 Jahren ist so der Bestand im Alten Friedhof erhalten geblieben – auch was viele seiner Bäume anbetrifft. Der

Poppelsdorfer Friedhof

ÖKOSYSTEM BAUM UND WALD

gesamte Alte Friedhof steht unter Denkmalschutz, eine 20 Meter hohe und 130jährige Stieleiche am Grab von Ernst Moritz Arndt und zwei 120jährige Platanen auf dem Rondell vor dem Grab Kaufmann sind als Baumdenkmale geschützt.

Alter Friedhof

53113 Bonn, Bornheimer Straße, geöffnet im Sommer 7-20 Uhr, im Winter 8-17 Uhr, Eintritt frei.

Auch der Poppelsdorfer Friedhof steht als zweiter alter Friedhof Bonns unter Denkmalschutz. Er wurde im Jahr 1800 als Friedhof der Poppelsdorfer Sankt Sebastianus-Gemeinde am Hang des Kreuzberges angelegt. Damals führten viele Pilgerwege hinauf zur Kreuzbergkirche. Der alte Teil des Friedhofs liegt links vom Hohlweg, dem Stationsweg. Doch bereits Mitte des Jahrhunderts war dieser zu klein geworden. Er wurde rechts vom Hohlweg ausgeweitet und nach 1884, als der Alte Friedhof in Bonn schloss, noch wichtiger. Auf dem Poppelsdorfer Friedhof sind viele Professoren der Bonner Universität begraben, ranghohe Militärs und auch Mitglieder von Unternehmerfamilien wie Soennecken oder Cohen-Bouvier. Aufwändige Gräber und vor allem der Bestand an alten heimischen und exotischen Bäumen machen diesen Friedhof so interessant.

Poppelsdorfer Friedhof

53115 Bonn-Poppelsdorf, Stationsweg 25, geöffnet März-August 7-20 Uhr, Sept. bis Feb. 8-17 Uhr, Allerseelen und Totensonntag bis 19 Uhr.

Auf dem Alten Friedhof

Aʜᴏʀɴ

Bergahorn im solitären Wuchs

Die botanische Bezeichnung *Acer* und der deutsche Name der Ahorne gehen auf lat. *acer* (= spitz, scharf) zurück, was sich auf die meist spitzen Blattzipfel dieser artenreichen Pflanzengattung bezieht, die über 100 Arten aufweist, die sowohl als Bäume als auch als Büsche im Laubwaldgürtel der nördlichen Hemisphäre wachsen. Ein Ahornblatt ziert sogar das kanadische Wappen. In Mitteleuropa sind seit dem Ende der letzten Eiszeit noch drei häufige Ahornarten heimisch, der Bergahorn, der Feldahorn und der Spitzahorn. Darüber hinaus finden sich auch der Französische oder Burgenahorn (*Acer monspessulanum*) und der Schneeballahorn (*Acer opalus*) in Parks oder Bosquetten mitteleuropäischer Schlösser. Ihr Holz ist sehr begehrt. Vor allem das Holz des Bergahorns wird in der Möbelindustrie, für Musikinstrumente und für hochwertige Furniere eingesetzt. Ahornsaft ist ungewöhnlich hoch zuckerhaltig. Eichhörnchen nagen gern an der Rinde, um an den Saft zu gelangen.

Die auffallende Herbstfärbung und seine große Anpassungsfähigkeit an die unterschiedlichsten Standorte machen auch die drei bekanntesten Ahornarten zu beliebten Park-, Garten- und Straßenbäumen. Viele buntblättrige Zuchtformen mit reizvollen Blattausformungen und unterschiedlichsten Kronenausbildungen ergänzen heute das in den Baumschulen erhältliche Sortiment. Die Ahorn-Blüten sind eher wenig auffallend, treten aber in ihrer gelbgrünen Färbung umso mehr hervor, wenn sie vor dem Blattaustrieb erscheinen.

Wenn die zweifächrigen Spaltfrüchte, mit denen Kinder gern als Nasenzwicker spielen, ausgereift sind, segeln sie als typische Schraubenflieger propellerartig zu Boden, wodurch der Samen vom Wind weit vom Baum weggetragen werden kann.

Bergahorn

Der Bergahorn (*Acer pseudoplatanus*) wächst in Mischwäldern kühlfeuchter Berge in Höhen zwischen 700 und 1.500 Metern. Dort bevorzugt er tiefgründige, schwach saure Böden. Er kann bis zu 40 Meter hoch und bis zu 500 Jahre alt werden. Sein Stamm reicht weit bis in die Krone hinein, die schon sehr tief ansetzt. Die braungraue Rinde des Bergahorns ist zunächst glatt und bildet später Schuppen mit abblätternder Borke aus. Seine langgestielten, großen gegenständigen Blätter sind fünflappig mit deutlichen Einschnitten. Die auffallenden, in Trauben hängenden Blüten treiben im Mai aus. Seine Blütenreife erreicht der Bergahorn im Alter von 20 bis 30 Jahren.

Feldahorn

Der Feldahorn (*Acer campestre*), auch Maßholder genannt, wird höchstens 200 Jahre alt. Vom Typus her wächst er eher strauchartig, kann aber als Baum Höhen zwischen 10 und 15 Metern, gelegentlich auch 20 Meter erreichen. Er wächst an Waldrändern, in Knicks, im Auenwald und in lichten

Gebüschen, wegen seiner Lichtbedürftigkeit aber nicht im Waldesinneren und auch nicht als Unterwuchs. Seine Rinde ist braungrau und netzrissig, die Zweige sind oft mit Korkleisten versehen. Die jungen Zweige sind sehr schnittverträglich, was den Feldahorn zu einer geeigneten Heckenpflanze macht. Die Blüten erscheinen im Mai in aufrechten Rispen oder Trauben. An sich ist der Baum einhäusig, aber die einzelnen Blüten haben immer beide Geschlechter, wobei stets nur eines gut ausgebildet ist. Auf allen Bäumen kommen beide Blütentypen vor, überwiegend sogar im gleichen Blütenstand. Das Laub des Feldahorns wird gern von Rehen abgeäst. Früher diente es auch den Bauern als Futter für ihre Rinder. Das Holz des Feldahorns ist durch eine kräftige Maserung gekennzeichnet, was

es für Drechselarbeiten geeignet macht.

Spitzahorn

Das Verbreitungsgebiet des Spitzahorns *(Acer platanoides)* reicht weit über das des Bergahorns bis nach Kleinasien hinaus, allerdings meidet er Höhen über 1.000 Metern. Auch er wird im Durchschnitt nur 200 Jahre alt. Es ist ein schnellwüchsiger großer, starkastiger Baum mit dichter kugelförmiger Krone. Sein gelblich bis rötlich-weißes und grobfaseriges Holz ist allerdings weniger gefragt als das anderer Ahornarten. Die zunächst glatte Rinde wird im Alter längsrissig. Der Spitzahorn ist besonders zu Frühlingsbeginn auffällig, wenn die Vielzahl seiner gelbgrünen Blütendolden noch vor dem dunkleren Laubaustrieb erscheinen. Das Laub ist fünf- bis

Blatt eines Feldahorns

Spitzahorn in Herbstfärbung

siebenlappig. Frisches Frühjahrslaub wurde früher auch als Salat gegessen, was dem Baum auch den Namen „Salatbaum" eintrug.

Die Zuchtformen des Spitzahorns sind besonders vielgestaltig. Es gibt solche mit roten, dunkelroten oder hellgrünen Blättern, mit rotem Herbstlaub, mit schmalem oder pyramidenförmigem Wuchs, mit gewundenen Zweigen oder auch mit dreilappigen Blättern.

In Bonn und Umgebung stehen einige Ahornbäume unter Denkmalschutz, so unter anderem:

■ ein 80jähriger Bergahorn im Garten der Burg Endenich

■ ein 90jähriger Spitzahorn mit dreieinhalb Metern Stammumfang im Garten der Villa Hammerschmidt, dazu ein weiterer 90jähriger Bergahorn

■ ein 60jähriger Bergahorn mit fast zwei Metern Stammumfang im Garten der Universitätskinderklinik Adenauerallee 119, dazu ein 90jähriger Bergahorn sogar mit zweieinhalb Metern Stammumfang, dazu ein 60jähriger Spitzahorn ebenfalls mit zweieinhalb Metern Stammumfang

■ ein 80jähriger Dreilappiger Bergahorn mit über zwei Metern Stammumfang im Garten der Villa Simons in der Dottendorfer Straße sowie nicht zuletzt

■ ein 130jähriger Bergahorn auf dem Rheidter Werth in Niederkassel-Rheidt, der wegen seines schönen artgerechten Wuchses unter Schutz steht

Ahornsirup

Ahornsirup ist der eingedickte Saft des Zucker-Ahorns (*Acer saccharum*) oder des Schwarz-Ahorns (*Acer nigrum*). Beide Ahornarten stammen aus Nordamerika. Neben Saccharose enthält Ahornsirup noch wertvolle Mineral- und Eiweißstoffe, Apfelsäure sowie Glucose. Die Indianer Nordamerikas ritzten die Rinde der Ahornbäume am Ende des Winters ein, wenn die Bäume beginnen ihre in den Wurzeln gespeicherten Nährstoffe in die Knospen zu transportieren. Der Wechsel von Gefrieren und Tauen lässt die Zirkulation des Ahornsaftes über mehrere Wochen anhalten. Nur in Kanada, besonders in Québec, und in einigen Gegenden des nordamerikanischen Ostens sind diese klimatischen Bedingungen gegeben.

Der austretende Saft wurde von den Indianern aufgefangen und über einem Holzfeuer eingedickt. Durch das Auskaramellisieren erhält der Ahornsirup sein charakteristisches Aroma. Heute wird der Saft über Plastikschläuche direkt in Plastikbehälter geleitet und zur industriellen Weiterverarbeitung abtransportiert.

BIRKEN

Birken an einem Wegesrand im Kottenforst

Die Familie Birkengewächse (*Betulaceae*) besteht aus sechs Gattungen mit 170 Arten vor allem in der nördlich gemäßigten Zone mit weiteren Verbreitungszentren in Zentral- und Ostasien sowie Nordamerika. Die Gattung *Betula* darunter umfasst 60 Arten. Die bei uns heimische Sandbirke (*Betula pendula*) ist auch unter den Namen „Hängebirke", „Weißbirke" und „Warzenbirke" bekannt. Sie wird höchstens 100 bis 150 Jahre alt und ist im gesamten Bonner Raum verbreitet.

Die Birke ist ein Baum des Nordens, denn sie wächst bis zur Waldgrenze Skandinaviens. Ihr früher Blattaustrieb im zarten Frühjahrsgrün macht sie zum Symbol des erneuerten Lebens am Ende des Winters. Der alte Brauch, einem jungen Mädchen einen Maibaum zu setzen, gewinnt immer mehr Anhänger und hat schon mancher Vorgartenbirke oder Straßenbäumen das Ende bereitet. Heute bieten viele Forstämter als Maibäume geeignete Birken an, um solchen Missbrauch zu verhindern – aber wichtiger sind diese Bäume wohl als Einnahmequelle.

Auffälliges Merkmal der Birke ist die glatte, grauweiße Rinde. Ihre dreieckigen Blätter stehen wechselständig an langen Trieben, an kurzen Trieben gegenständig. Sie sind drei bis sieben Zentimeter lang und bis viereinhalb Zentimeter breit. Meist tragen sie sechs Seitennerven. Der Blattrand ist doppelt gezähnt.

Die Blütentriebe sind warzig rau und unbehaart. Dabei überdauern die männlichen Kätzchenblüten im geschlossenen Zustand den Winter. Sie entfalten sich im Frühjahr auf drei Zentimeter Länge.

Schlitzblättrige Birke auf dem Friedhof Flerzheim

Männliche Blüten einer Birke

Die weiblichen grünen Kätzchen stehen aufrecht. Die zwei bis drei Zentimeter großen zylindrischen Fruchtstände hängen herab und reifen im Herbst.

Bis zu 25 Meter hoch wird die Birke mit einer anfänglich schmalen und kegelförmigen Krone, deren Äste später rund überhängen. Auf gut drainierten leichten Böden, Wiesen, trockenen Mooren und torfigen Sandhängen wächst der anspruchslose, frostharte und schnell wachsender Pionierbaum, der Brach-, Trümmer- und Kahlflächen besiedelt. Aber durch seine geringere Konkurrenzkraft wird er meist auf Extremstandorte verdrängt. Als Vorwaldbaumart wird er geschätzt.

Birkenholz wird für den Möbel- und Innenausbau und zu Span-, Sperrholz- und Faserplatten sowie Zellstoff verwendet. Aus verschiedenen Maserformen werden wertvolle Furniere hergestellt. Die Sandbirke liefert ein auch frisch brennendes Kaminholz. Das Reisig wird zu Besen gebunden, der Birkensaft zu kosmetischen Zwecken abgezapft. Aus der Rinde lässt sich Birkenteer herstellen, der als *Pix Betulinae* gegen Hautkrankheiten und als Juchtenöl zur Behandlung von Leder eingesetzt wird.

Von der Birke gibt es zahlreiche Gartenformen, so die Trauerbirke, die Blutbirke und die Schlitzblättrige Birke. Eine verwandte Art ist die Moorbirke (*Betula pubescens*), die überwiegend auf nassen Standorten vorkommt.

Blattform der Birke

HEIMISCHE LAUBBÄUME

Reinbestand aus Birken

In der Pflanzenheilkunde werden Bestandteile der Birke ebenfalls genutzt, vorwiegend Blätter, Knospen und Rinde. Birkenblätter enthalten als therapeutisch wirksame Bestandteile ätherische Öle, Calcium, Eisen, Flavonoidglykosid, Jod, Natron und Phosphor. Sie wirken blutreinigend und harntreibend.

BUCHEN

Blutbuchengruppe am Alten Zoll

Elf Arten zählt die Familie der Buchengewächse (*Fagaceae*). Zwei davon sind in Mitteleuropa heimisch, die Rotbuche (*Fagus sylvatica*) als wichtigster mitteleuropäischer Waldbaum und die Orientbuche (*Fagus orientalis*) als eingeführter Parkbaum.

In der Mythologie der Germanen spielte die Buche eine große Rolle. Sie ritzten ihre Runen in kleine Stäbchen, die sie aus dem Holz der Ehrfurcht gebietenden Bäume herstellten. Diese Stäbchen warfen sie auf den Boden, und aus ihrer Lage zueinander las man einen Orakelspruch ab. So leitet sich das Wort „Buchstabe" von diesen Buchenholzstäbchen ab.

Frühformen der Buchen kann man bis in das Erdzeitalter des Tertiär zurückverfolgen. Vor zehn Millionen Jahren traten Buchen dann vermehrt auf, was man beispielsweise in den Sedimenten der Rheinischen Bucht sehen konnte und was auf eine langsame Abkühlung des Klimas zu dieser Zeit hindeutet, das bis dahin subtropisch gewesen war. Die rezenten mitteleuropäischen Buchen bevorzugen ein wintermildes und sommerkühles, ozeanisch-feuchtes Klima. Winter- und Spätfröste sowie Trockenheit vertragen sie nicht. So hatte sich die Rotbuche während der Eiszeit ins Mittelmeergebiet zurückgezogen und breitete sich erst mit der Wiedererwärmung erneut in Mitteleuropa aus. Um 5.000 v.Chr. hatte sie sich zur beherrschenden Baumart der mitteleuropäischen Wälder entwickelt. Erst durch das Eingreifen des Menschen in die Wälder und durch forstwirtschaftliche Maßnahmen wurde die Buche wieder zurückgedrängt.

Rotbuche

Die Rotbuche gedeiht im Flachland, im Bergland und in den Alpen bis 1.500 Meter Höhe. Sie ist in Mitteleuropa die am weitesten verbreitete Baumart und zugleich die konkurrenzstärkste. Der Stamm dieses sommergrünen Baums mit bleigrauer, ziemlich glatter Rinde, der 30 Meter, im dichten Wald bis 45 Meter hoch wird, reicht bis in die Krone hinauf. Die mittelgroßen eiförmigen Blätter der Rotbuche sind nach dem Austrieb seidig behaart, oberseits später kahl und glänzend dunkelgrün, unterseits heller mit langen seidigen Wimpernhaaren am Blattrand. Sie haben eine kurze Spitze und sind am Grund keilförmig oder abgerundet. Im Herbst verfärben sie sich über gelb bis orangebraun. Die Blüte erfolgt im April/Mai mit dem Blattaustrieb. Die männlichen Blüten treten in hängenden Büscheln, die weiblichen Blüten zu zweit in einer vierklappigen Hülle, der Cupula, auf, die zu stachelig-holzigen Bechern ausreifen. Die Bucheckern genannten Nussfrüchte reifen ab September. Sie sind essbar. Als fettreiches Futter dienten sie früher der Schweinemast, in Notzeiten auch dem Menschen als Nahrung, denn erst in größeren Mengen genossen, zeigen sie eine schwach giftige Wirkung. Noch heute wird der gelegentlich reiche Fruchtbehang der Buche als „Vollmast" bezeichnet.

Die Buche ist in vielerlei Hinsicht ein nützlicher Baum für den Menschen. So ist sie einer der wichtigsten Holzlieferanten. Ihr Holz ist qualitativ wertvoll und vielseitig verwendbar. Es ist feinporig und meist gleichmäßig gemasert. Ältere Buchen neigen zur Ausbildung eines Rotkerns, der früher den Holzpreis drückte – heute wird das Holz solcher „Kernbuchen" aber gerne von der Möbelindustrie abgenommen. Um hochwertige Stämme zu erzielen, ist eine regelmäßige und sorgfältige Durchforstung erforderlich, mit der die Bestände schließlich im Schutz der Altbäume verjüngt werden. Denn nur in einem engen Verband stehende Bäume liefern lange und astfreie Stämme, wie sie für die spätere Verwendung beispielsweise in der Möbelindustrie erforderlich sind.

Buchenholz bietet unter allen Baumarten das beste Brennholz. Bis heute sind einige Bestände der durch Holz- und Weidenutzung entstandenen Kopfbuchen im Bonner Raum erhalten, so im Kottenforst an der Waldau und im Abstieg vom Rodderberg nach Oberbachem. Solche Kopfbuchenbestände sind das Ergebnis der mittelalterlichen Niederwaldwirtschaft, mit der man alle 15 bis 20 Jahre die Bäume in Kopfhöhe beschnitt, um die nachwachsenden Triebe als Brennholz zu nutzen. Und so konnte man auch die Schweine ins Unterholz zur Mast treiben. Da das in den Wald getriebene Vieh natürlich auch die nachwachsenden Triebe der Bäume fraß, schnitt man das Brennholz eben dort, wo das Vieh nicht mehr heranreichen konnte. Wegen des bizarren Äußeren, das die Buchen

Männliche Blüten der Blutbuche

durch diesen Schnitt erhielten, werden sie bis heute auch als Gespensterbuchen bezeichnet.

Seit dem Mittelalter bis in das 19. Jahrhundert hinein war hochwertiges Buchenbrennholz gleichermaßen wichtig für die Glasproduktion. Zwei Teile Buchenasche mit einem Teil Sand gemischt ergab das so genannte grün eingefärbte Waldglas. Doch war der Holzbedarf enorm, um die erforderliche Pottasche herzustellen. Ebenso hoch war der Buchenbrennholzbedarf in der Salzsiederei, der unter anderem die Waldbestände der heutigen Lüneburger Heide zum Opfer fielen. Dazu kam Meilerholz für die Eisenverhüttung in den Mittelgebirgen, wie es etwa für die Rennöfen im Bergischen Land oder im Siegerland genutzt wurde

Das Buchenlaub wurde über Jahrhunderte als Einstreu benutzt, denn angesichts der geringen Getreideerträge stand zu wenig Stroh für die Ställe der Bauern zur Verfügung. Buchenjungtriebe wurden an das Vieh verfüttert, um die Milchleistung im Frühjahr wieder zu steigern. So wurde der Wald im Laufe der Jahrhunderte durch intensive menschliche Nutzung überstrapaziert und fast ausgerottet. Dies hat sich aber mit der Einführung der nachhaltigen Waldbewirtschaftung seit dem 19. Jahrhundert grundlegend geändert: Die Forstwirtschaft ist ein Kind der Not!

Von der Rotbuche gibt es eine Reihe von Zierformen mit interessanten Wuchsformen, Blättern oder Färbungen, die heute in vielerlei Weise Eingang in Gärten und Parks gefunden haben. Dazu zählt beispielsweise die Trauerbuche (*Fagus sylvatica 'Pendula'*) als

Blutbuche im Redoutenpark

Beginnende Herbstfärbung, Rotbuche, Merler Wäldchen

züchterische Weiterentwicklung der natürlichen Hängeform, die durch einen kurzen Hauptstamm mit vielen schleppenartig hängenden Zweigen gekennzeichnet ist. Des Weiteren gibt es die Blutbuche (*Fagus sylvatica 'Purpurea'*) mit ihren intensiv rot gefärbten Blättern, die Schlitzblättrige Rotbuche (*Fagus sylvatica 'Laciniata'*) und beispielsweise auch die Farnblättrige Buche (*Fagus sylvatica 'Asplenifolia'*).

Orientbuche

Die Orientbuche (*Fagus orientalis*) ist nahe mit der Rotbuche verwandt, manchen Forstbotanikern gilt sie auch als Unterart der Rotbuche. Ihre Heimat liegt in Kleinasien bis zum Kaukasus, wo sie in Höhen bis zu 2.000 Metern wächst. Sie unterscheidet sich von der Rotbuche im Wesentlichen durch die Blätter, die erheblich länger sind.

Eine große Zahl von Buchen steht im Bonner Raum unter Denkmalschutz,

■ so vor allem die 150jährigen Gespensterbuchen im Kottenforst in der Nähe der Waldau, die hier in Gemeinschaft mit einer größeren Zahl von Gespenster-Hainbuchen stehen.

■ Zwei 25 Meter hohe, 250jährige Rotbuchen mit fünf Metern Stammumfang im Botanischen Garten.

■ Eine fast 100jährige Blutbuche im Garten der Burg Endenich.

■ Eine 100jährige Geschlitztblättrige Buche mit einem Stammumfang von fünf Metern im Garten des ehemaligen Bundeskanzleramtes, Adenauerallee 121.

■ Drei an die 100 Jahre alte Rotbuchen und zwei weitere Geschlitztblättrige Buchen im Park der Villa Hammerschmidt, Adenauerallee 125.

■ Eine über 100jährige Blutbuche mit einem Stammumfang von fast vier Metern auf dem Gelände Baumschulallee 5, dazu je eine 80jährige Blutbuche und Trauerbuche.

■ Mehrere fast 100jährige Blutbuchen und Trauerbuchen auf dem Grundstück der Universitätskinderklinik, Adenauerallee 119.

■ Eine 80jährige Rosageränderte Blutbuche und eine gleich alte Geschlitztblättrige Blutbuche im Park der Redoute.

■ Eine 200jährige Blutbuche mit fast fünf Metern Stammumfang im Stadtpark Bad Godesberg.

■ Eine weitere 200jährige Blutbuche mit fast fünf Metern Stammumfang im Park der Villa Carstanjen.

■ Drei stattliche, über 110jährige Blutbuchen im Park der ehemaligen Kommende Muffendorf.

■ Die „Hexenbuche" von Hilberath – eine über 100jährige Rotbuche etwas abseits der L261 am Wanderweg A3, die ihren Namen ihrem ungewöhnlichen Astwerk verdankt, das sich auf einer Höhe von 6,50 Meter in ein unübersichtliches Kronengerüst verzweigt, von dem nicht vollständig geklärt werden kann, ob es durch Pilzbefall oder durch Aufpfropfung einer Trauerbuche entstanden ist.

■ Die „Prinzessinnenbuche" im Rheinbacher Stadtwald - eine mit einem Schild gekennzeichnete Rotbuche am Stiefelsbach, zu finden vom Parkplatz „Am Steinbruch" auf dem Wanderweg 7 aus.

■ Die Rotbuche nordwestlich von Gut Umschoss, beeindruckend durch ihre acht Stämme, die in der Mitte einen kesselförmigen Raum entstehen ließen. Dieser Platz diente als Hochsitz und wurde über eine eiserne Leiter erreicht, deren Enden im Laufe der Jahre in die Rinde des Baumes einwuchsen.

■ Die „Napoleonsbuche" im Kaldauer Gemeindewald – diese Rotbuche gilt als stärkste und höchste Buche des Rhein-Sieg-Kreises und ist der Überlieferung nach von napoleonischen Soldaten gepflanzt worden. Eine starke Wulstleiste auf der Nordseite deutet darauf hin, dass hier einmal ein Blitz eingeschlagen ist, die Verletzung aber von der Buche selbst geschlossen werden konnte.

Blattbild der Amerikanischen Buche *(Fagus americana)*

HEIMISCHE LAUBBÄUME

EICHEN

Freistehende Stieleiche im Meckenheimer Stadtpark

Kaum ein Baum hat im Laufe der Geschichte die Gemüter so bewegt wie die Eiche. Für die Griechen bedeutet die Eiche die Verbindung zwischen Erde und Himmel, die Römer weihten sie ihrem Gott Jupiter und die Germanen hielten bei Vollmond unter mächtigen Eichen ihre Stammesversammlungen ab. Für sie war es der Baum des Donnergottes Thor (Donar). Und als der heilige Bonifatius, der Apostel der Deutschen, die Donareiche bei Geismar im Jahre 723 fällte, ohne dass der Himmel einbrach, traten die Germanen zum christlichen Glauben über – so will es jedenfalls die Legende.

Eichen sind Laubgehölze aus der Familie der Buchengewächse (*Fagaceae*). Mit über 600 Arten sind sie überwiegend in den gemäßigten Breiten der Nordhalbkugel verbreitet, nur wenige ihrer Arten finden ihren Lebensraum auch in den Tropen. Es handelt sich um sommergrüne oder immergrüne Bäume, nur wenige Sträucher sind darunter. Ihre wechselständigen Blätter sind gelappt oder ungelappt, die Blattränder glatt oder gezähnt. Ihre Blüten sind eingeschlechtlich, die männlichen Blüten sind in herunterhängenden Kätzchen mit verwachsenen Blütenhüllblättern zusammengefasst und enthalten zwei bis sechs Staubblätter. Die weiblichen Blüten enthalten drei bis sechs Fruchtblätter und Stempel. Die Früchte der Eichen sind Nussfrüchte, die von einem Cupula genannten Fruchtbecher umschlossen sind. An den Früchten sind die einzelnen Eichenarten gut zu unterscheiden.

Stieleiche und Traubeneiche

In Mitteleuropa ist neben der Stieleiche *(Quercus robur)* noch die Traubeneiche *(Quercus petraea)* von jeher heimisch. Der sommergrüne, bis zu 45 Metern hohe Baum entwickelt im Freistand eine breite, mächtige Krone mit bereits tief ansetzenden Ästen. Er kann mehrere hundert Jahre alt werden. Sein Stamm hat eine raue, braungraue zerfurchte Borke. Die Blätter sind bis zu fünfzehn Zentimeter lang, tief gebuchtet und sitzen auf einem drei bis acht Zentimeter langen Stängel. Das helle Grün der Blätter dunkelt im Lauf des Jahres nach und fühlt sich mit der Reife lederartig an. Die Stieleiche ist einhäusig und blüht von Mai bis Juni. Weibliche Blüten sitzen in gestielter Ähre. Die männlichen Blüten hängen in Büscheln vor den Blatttrieben heraus kommend nach unten und schaukeln im Wind. Im September/Oktober fallen die Früchte aus dem Becher heraus zu Boden.

Eichen wachsen in Mitteleuropa auf nährstoffreichen, tiefgründigen Lehm- und Tonböden. Sie vertragen auch feuchte Böden, sogar Überschwemmungen. Als Lichtbaumart, die einen entsprechenden Standraum braucht und über sich keine Beschattung duldet, unterliegt sie in der Mischung mit der Schattholzart Rotbuche auf Dauer und wird ausgedunkelt. Aber auf periodisch überfluteten oder sandigen Böden und in Auengebieten können ihre Bestände überdauern.

Stieleiche und Traubeneiche sind nur bei näherem Hinsehen zu unterscheiden. Im Gegensatz zur Stieleiche sitzen bei der Traubeneiche die Blätter auf bis zu drei Zentimeter langen Stielen und die Früchte in „Trauben" nur auf ein Zentimeter langen Stielen. Auch wird die Traubeneiche selbst nach einigen hundert Jahren nicht ganz so hoch wie die Stieleiche. Sie ist allerdings gegenüber Kälte und Bodenfeuchtigkeit empfindlicher als die Stieleiche.

Roteiche

Die im Osten Nordamerikas heimische Roteiche (*Quercus rubra*) ist eine ausgesprochen schnellwüchsige Eichenart, auffällig durch ihre flachfurchige Rinde. Sie wird seit drei Jahrhunderten bei uns vor allem in Parks und botanischen Gärten angebaut, weniger in den Forsten. Dennoch wurde sie nach dem Zweiten Weltkrieg unter anderem im Rheinland als schnell wüchsige anspruchslose Eichenart bestandsmäßig angebaut. Auch andere Eichenarten aus Nordamerika sind gerne als Zierbäume nach Europa gebracht worden.

Sumpfeiche

Eine „Import"-Eiche ist ebenfalls die Sumpfeiche (*Quercus palustris*) aus Nordamerika, die wegen ihres geraden Stammes bis in die Spitze hinein und ihrer großen Schadstoffbelastbarkeit gerne als städtischer Alleebaum eingesetzt wird. Ein Exemplar dieser Art steht beispielsweise auf dem Kreisel vor dem Sängerhof in Meckenheim. Als Mitte der 1990er Jahre das neue Berliner Regierungsviertel

---

Der Eichenwickler

Der Eichenwickler (*Tortrix viridana*) ist ein neun bis elf Millimeter großer Schmetterling mit einer Flügelspannweite von bis zu 25 Millimetern. Die dämmerungs- und nachtaktiven Insekten fliegen in den Baumkronen und legen von Juni bis August etwa 50 Eier bevorzugt auf Eichen ab. Nach der Überwinterung schlüpfen die kleinen Raupen, die zunächst in die Knospen kriechen und später an den jungen Blättern fressen. Erst im dritten Larvenstadium beginnen sie Blätter einzuspinnen, um sie von innen bis auf das Geäder aufzufressen. Hier verpuppen sie sich auch, um nach weiteren drei bis vier Wochen als fertige Falter zu schlüpfen.

Der Eichenwickler ist ein bedeutender Eichenschädling, der in Europa periodisch auftritt. Die Massenvermehrung erfolgt gern an Waldrandbäumen und in lichten Beständen. Die Folgen sind Ausfall der Mast, Schädigung des Baumes durch ungleichmäßige Jahrringbildung und Zuwachsverlust bis hin zum Kahlfraß, der

---

mit Bäumen bepflanzt werden sollte, entschied man sich für Sumpfeichen – nannte sie aber verständlicherweise in „Spree-Eiche" um.

Zuchtformen

Zu den Zuchtformen zählen die Geschlitztblättrige Stieleiche (*Q. robur 'Filicifolia'*) mit schlanker Belaubung, die Gold-Eiche (*Q. robur 'Concordia'*) mit goldgelbem Blattaustrieb, der im Sommer ins Gelblichgrüne übergeht, und die Pyramiden-Eiche (*Q. robur 'Fastigiata'*), die wie eine Pyramidenpappel wächst. Sie wird besonders auf Friedhöfen gepflanzt.

Eichenholz ist vielseitig verwendbar. In allen Menschheitsepochen bestand ein großer Bedarf für den Schiffsbau, Innen- und Außenbau, für Fußböden und Treppen, für Eisenbahnschwellen und Verbauung der Schächte im Bergbau, für die Herstellung von Holzkohle bei der frühen Eisenverhüttung. Kunst und Konstruktion arbeiteten mit Eiche. Die gerbstoffhaltige Rinde wurde zum Gerben benötigt, für die Tinte nahm man die Galläpfel, die auf Eichenblättern entstanden. Als Heilmittel benutzte die Volksmedizin die Eiche und zur letzten Ruhe gab es den Eichensarg. Anstelle des teuren Stieleichenholzes bot sich auch günstigeres Roteichenholz an – insbesondere, weil es vom Laien nicht so ohne weiteres zu unterscheiden ist.

Von ganz besonderer Bedeutung war die Eichel als Futter zur Schweinemast. Die Nutzung der Wälder und ihrer Früchte wie Eicheln und Bucheckern zur Waldweide, auch Hutewald (= Vieh *hüten*) genannt, hat schon in der

weiter S.79

unschädlich bleibt, wenn der Zweitaustrieb (der Johannistrieb) nicht durch Trockenheit ausbleibt. Ansonsten führt er zum Absterben der Eichen.

Den Kahlfraß, an dem auch verschiedene Frostspanner-Arten beteiligt ist, kann man im Frühjahr besonders deutlich an der A565 von Meckenheim-Nord Richtung Meckenheim-Merl auf der linken Seite am Kottenforstrand erkennen, wenn dort die Buchen schon ausgetrieben haben, die Eichen aber kahl erscheinen.

Der Eichenwald bietet vielen Pflanzen- und Tierarten Lebensraum, was nicht immer dem einzelnen Baum zuträglich ist. Pilze und Schlingpflanzen, Insekten wie Schwammspinner, Eichenwickler, Frostspanner und Säugetiere leben auf den Eichen, mit den Eichen und von den Eichen. Neben Eichenmehltau und den Eichenprozessionsspinnern sind es vor allem die Eichenwickler, die den Bäumen zusetzen.

Eichenlaub und Schwerter

Die Eiche galt schon von alters her als Symbol für Treue, Standhaftigkeit und für Ewiges Leben – kann doch eine Eiche über dreißig Menschengenerationen überdauern. Seit der Gotik wird Eichenlaub als Motiv in der Ornamentik genutzt. Seit dem 18. Jahrhundert ist die Eiche auch ein typischer Wappenbaum in Deutschland. Die Schulterstücke höherer Offiziere vieler Armeen zieren Eichenlaub ebenso wie die D-Mark-Münzen, so die 50-Pfennig-Münze mit der Darstellung einer Eichenpflanzerin. Und der Adler als Hoheitszeichen im NSDAP-Parteiabzeichen hielt einen Eichenkranz in den Fängen. Zum 1740 bis 1918 verliehenen Militärorden „Pour le Mérite", der laut Statuten nur einmal an eine Person vergeben werden konnte, wurde als Erweiterung für mehrfache Verdienste das „Eichenlaub" eingeführt. Und unter dem Nazi-Regime wurde das Ritterkreuz zum Eisernen Kreuz ab 1940 sukzessive um Eichenlaub, Schwerter und Brillanten erweitert.

Als höchste Auszeichnung der Bundeswehr wurde durch Neufassung des Erlasses über die „Ehrenzeichen der Bundeswehr" vom 18. September 2008 das "Ehrenkreuz der Bundeswehr für Tapferkeit" als neue und fünfte Stufe für außergewöhnlich tapfere Taten eingeführt. Bundeskanzlerin Merkel vergab diese Auszeichnung erstmals am 6. Juli 2009 an vier Bundeswehrsoldaten, die sich nach einem Selbstmordattentat auf ein Bundeswehrfahrzeug in Afghanistan um verletzte Kameraden und Zivilisten gekümmert hatten.

Eicheln

Was gut ist für das Vieh, kann auch dem Menschen nicht schaden – doch so einfach sind die Dinge nicht. In der Tat war die Eichelmast in der Form der Waldweide früher eine übliche Form der Schweinehaltung. Und bis heute stammt der besonders hochwertige Serrano-Schinken solchen Schweinen, die in der Endmast mit Eicheln gefüttert werden.

Besonders in Notzeiten griffen die Menschen auch auf Eicheln als Nahrungsmittel zurück. Doch kann der menschliche Magen die protein- und eiweißhaltigen, aber gleichermaßen gerbsäurehaltigen Eicheln nicht so ohne weiteres verdauen. Genießbar werden sie erst, wenn sie geschält und zerstoßen sind und durch mehrmaliges „Baden" in Wasser allmählich von den wasserlöslichen Gerbstoffen befreit wurden. Dies kann man anhand der zunehmend ausbleibenden Verfärbung des Wassers leicht erkennen. Erhitzt man das Wasser, wird der Vorgang beschleunigt. So behandelt, kann Eichelmehl als Mehlersatz für Breie und Kuchen bzw. geröstet als Kaffeeersatz verarbeitet werden.

Jungsteinzeit begonnen, aber vor allem die Ausbildung von Eichenwäldern gefördert, weil die weidenden Tiere den Nachwuchs der Rotbuchen hemmen. Mit dem weitgehenden Übergang zur Stallhaltung der Nutztiere sind diese Hutewälder verschwunden, aber beispielsweise im Kottenforst gibt es noch Reste solcher Hutewald-Areale. So haben wir bis heute noch einen 9%igen Anteil von Eichen im deutschen Wald, mehr als es natürlicherweise geben würde. Die älteste Eiche Europas soll 1200 Jahre alt sein und steht in Bierbaum in der Oststeiermark.

Die mächtigste deutsche Eiche mit einem Umfang von über zehn Metern steht in Ivenack im vorpommerschen Landkreis Demmin in einem Tiergarten. Sie ist gleichzeitig die massenreichste Eiche mit einem Volumen von 180 Fest-metern. Die meisten Stieleichen im Bonner Raum findet man im Kottenforst. Darüber hinaus gibt es Stieleichen im Königsforst und im Birlinghovener Wald. Im Rheinbacher Wald wachsen Traubeneichen. Der größte geschlossene Roteichenwald steht auf einer „Im Eichenkamp" (= Diergardtsforst) genannten Düne nördlich von Bornheim. Darüber hinaus besteht ein größerer Roteichenbestand im Staatsforst Eitorf westlich von Untenroth, der auch als Saatgutbestand amtlich anerkannt worden ist.

Außerdem sind es einzelne interessante Eichen, die als Naturdenkmale unter besonderem Schutz stehen, und von denen einige herausragende Exemplare im Bonner Raum nachfolgend aufgeführt sind:

Winterbild einer Eiche

HEIMISCHE LAUBBÄUME

■ Eine 125 Jahre alte Stieleiche auf dem Alten Friedhof auf dem Grab von Ernst Moritz Arndt.

■ Eine 220 Jahre alte Traubeneiche mit einem Umfang von vier Metern in Muffendorf unmittelbar südlich der Landstraße 158.

■ Eine 110 Jahre alte Roteiche im Park an der Mainzer Straße.

■ Einzelne über 100jährige Eichen nördlich des Broichhofes im Rodderberg

■ Ein ganz besonderes Exemplar war die „Schnacke Eiche" im Kottenforst bei Röttgen, die im Alter von etwa 300 Jahren 2005 wegen Pilzbefalls gefällt werden musste.

■ 270 Jahre alt ist die so genannte Mammuteiche im Kottenforst.

■ Möglicherweise sogar 400 Jahre alt ist die „Dicke Eiche" im Kottenforst zwischen Röttgen und Meckenheim.

■ Im Redoutenpark in Bad Godesberg steht eine 120jährige Pyramideneiche.

■ Nicht zuletzt sei noch auf den alten Hutewald am Forsthaus Schönwaldhaus hingewiesen, der aus bis zu 230jährigen Eichen sowie Rotbuchen besteht.

Außerdem im Rhein-Sieg-Kreis:

■ Die 260 Jahre alte Stieleiche im Eitorfer Ortsteil Kreisfeld, Ortslage Rankenhohn an der Kreisfelder Straße, zieht in ihrer exponierten Lage und mit ihrem gleichmäßigen Wuchs die Blicke auf sich.

Sumpfeiche im Kreisel vor dem Sängerhof in Meckenheim

Pyramideneiche auf dem Poppelsdorfer Friedhof

■ Eine 260 Jahre alte Stieleiche steht in Eitorf etwas versteckt auf dem Grundstück Edmund-Lohse-Straße 17. Diese Eiche weist zwei Ansichten auf. Die Westseite zum offenen Feld hin zeigt ein naturbelassenes Profil, während an der Seite, die an die Wohnbebauung des Ortes grenzt, deutlich Eingriffsspuren erkennbar sind, die aber einen ungestörten Einblick in das Kronengerüst ermöglichen.

■ Eine 500 Jahre alte Stieleiche am Alten Backhaus in Alt-Windeck mit untypischer Krone.

■ Zwei 300 Jahre alte Stieleichen südlich von Hennef-Geistingen im Waldstück „Weingartsberg" mit fast vier Metern Stammumfang, die sich erst in einer Höhe von 14 Metern verästelt.

■ Eine 200jährige, schön gewachsene Stieleiche in Herchen am Spazierweg entlang der Sieg.

■ Der Eichenhain an der Sieg in Stromberg an der Straße „An den Eichen".

■ Die 260 Jahre alte Stieleiche in Heimerzheim, Nachtigallenweg 27, weist eine runde Krone mit 17 Metern Durchmesser auf.

Barrique

Der Ausbau von Weinen im Holzfass ist eine traditionelle Methode – schließlich gab es früher auch noch keine Stahltanks und Glasflaschen. Und bis heute werden hochwertige Weine im Barrique ausgebaut. Die Franzosen nehmen dafür Eichen aus den Herkunftsgebieten in Alliers, Cher, Limousin, Tronçais, den Vogesen und Burgund. Aufgrund der verstärkten Nachfrage stammen die Eichen auch aus dem ehemaligen Jugoslawien. So wird die Slawonische Eiche *(Quercus robur ssp slavonica)* aus Kroatien schon immer für die klassischen italienischen Weine wie etwa den Brunello, den Vino Nobile oder den Barolo verwendet. Als Besonderheit bietet die Slawonische Eiche das mit Abstand beste Holz für große Fässer bis zu 10.000 Liter Fassungsvermögen.

Barrique-Fässer

ESCHE

Gemeine Esche mit Fruchtansatz im Park der Burg Endenich

Die sommergrüne Esche, botanisch Gemeine Esche (*Fraxinus excelsior*) ist in Mitteleuropa vom Flachland über die Mittelgebirge bis in die Nordalpen auf 1.400 Meter Höhe (Zentralalpen bis 1.600 Meter) weit verbreitet. Daneben gibt es noch die Blumenesche (*Fraxinus ornus*), die eher im südlichen Europa vorkommt. Insgesamt umfasst die Gattung *Fraxinus* 70 Baum- und Straucharten weltweit. Sie gehört zur Familie der Ölbaumgewächse (*Oleaceae*). Während die Blumenesche bei uns 18 bis 35 Meter hoch wird, schafft es die Esche auf 40 Meter, einen Stammdurchmesser von einem Meter – bei gutem Standort mehr – und kann gut 200 Jahre alt werden. Ihre graue Rinde ist längsrissig gerippt.

Ein gutes Merkmal sind die schwarze Farbe, Stellung und Form der Winterknospen. Die Blätter treiben im Gegensatz zu anderen Laubbäumen erst relativ spät im Frühjahr aus. Mit 20 Zentimetern Länge, gegenständig und unpaarig gefiedert befinden sich an den grauen bis grünlichen Zweigen die gezähnten Fiederblätter: Oberseits frisch grün, unterseits heller und auf den Hauptnerven leicht behaart. Im Herbst verfärben sie sich unauffällig in ein gelbliches Grün.

Im Mai erscheinen in Rispen die männlichen, weiblichen und zwittrigen Blüten noch vor dem Laubaustrieb. Früchte sieht man von Ende August bis Oktober. Die grünen, später hellbraunen Nussfrüchte an den vorjährigen Zweigabschnitten sind geflügelt.

Sie hängen reif oft noch im nächsten Frühjahr, bis der Wind sie verbreitet. Austreibende Jungpflanzen sind gefährdet durch starken Wildverbiss und Schälen durch Reh- und Rotwild.

Der Name der Esche ist germanischen Ursprungs und geht auf das altdeutsche *ask* zurück, was Speer oder Bogen bedeutet. Das Holz ist elastisch, zäh und splittert nicht – ideal für Speere, Lanzen und Pfeile. In der germanischen Edda-Sage erschufen die Götter *ask* (Mann) und *embla* (Frau) aus einer Esche beziehungsweise einer Ulme. Die Esche bildete in der germanischen Mythologie als Weltenbaum *Yggdrasil* Zentrum und Stütze des gesamten Kosmos. Auch die Griechen schätzten die Esche als Waffenholz. In deren Mythologie hat Achilles den trojanischen Helden Hektor mit einem Eschenspeer besiegt.

Spätere Generationen kannten ebenfalls die wertvollen Holzeigenschaften der Esche. Zeitweilig war das weiße bis hellgelbe Eschenstammholz massiv oder als Furnier für die Möbelherstellung und im Innenausbau sehr begehrt. Selbst die Bildung von olivfarbigem Alterskern galt einmal als besonders dekorativ. Das feste, elastische Holz wird heute für Werkzeugstiele, Sportgeräte (z.B. Barrenholme) und in der Wagnerei benutzt. Bei Holzleitern sind traditionell die Sprossen aus Eschenholz. Das harte Holz eignet sich getrocknet auch vorzüglich als Kaminholz.

Als Waldbaum findet man die

Esche selten in Reinbeständen, auf nährstoffreichen Standorten in Laubmischwäldern dagegen häufig. Auf frischen Böden, an Flussläufen und im Hartholz-Auenwald dagegen gedeiht sie sehr gut, auch in feuchten Buchen-, Eichen- und Hainbuchen-Wäldern. Das gleiche gilt für Schluchtwälder. Wegen der raschen Laubzersetzung wirkt die Esche Boden verbessernd.

Den Schritt vom Waldbaum zum Anlagen-, Park- und Alleebaum hat die Esche auch im Bonner Stadtbild und Umfeld längst vollzogen. Nicht zuletzt hat dazu die gärtnerische Züchtung der Baumschulen beigetragen. Sie hat eine ganze Reihe von Baumgestalten, Formen und Laubfarben parat, die nicht nur die Gemeine Esche, sondern auch die Amerikanische Esche, Schwarz-, Schmalblättrige-, Rot- und Blumenesche als Aus-

gangsmaterial nutzten. Eine dieser Sorten ist *Fraxinus excelsior 'Nana'* (= Kleine Kugel-Esche). Dieser auf drei Meter Höhe zurück gezüchtete Baum ist langsam wüchsig, trägt eine Kugelkrone und färbt sich im Herbst gelb. Der zierliche Vorgartenbaum steht auch in Friedhofsalleen und Fußgängerzonen.

In Bonn stehen drei Eschen unter Denkmalschutz:

■ eine 80jährige Gemeine Esche auf dem Grundstück der Universitätskinderklinik an der Adenauerallee 119. Sie ist 20 Meter hoch und hat einen Stammumfang von 2,6 Metern,

■ je eine 60jährige Einfachblättrige und eine Krausblättrige Esche (*Fraxinus excelsior 'Crispa'*) im Redoutenpark in Bad Godesberg. Sie ist 17 Meter hoch und hat einen Stammumfang von zwei Metern.

Blumenesche auf dem Poppelsdorfer Friedhof

ERLEN

Schwarzerle am Laacher See

Die sommergrünen Erlen bilden eine Pflanzengattung innerhalb der Familie der Birkengewächse (*Betulaceae*). Weltweit sind 35 Arten bekannt, die bis auf die Anden-Erle alle auf der nördlichen Halbkugel beheimatet sind. In Mitteleuropa sind drei Arten heimisch, die Schwarz-, Grau- und Grünerle. Die Grünerle (*Alnus incana*) ist die einzige strauchförmige Erlenart in Europa.

Erlen bevorzugen feuchte Standorte und können selbst auf nährstoffärmsten Boden gedeihen. Dazu werden sie durch die Ausbildung von Wurzelknöllchen befähigt, mit denen sie mit Luftstickstoff bindenden Bakterien in Symbiose leben. Deshalb gelten Erlen als Pioniergehölze auf ärmsten Standorten wie etwa Halden, Kippen oder auf Flächen nach Lawinenabgang. Hier bereiten sie nachfolgendem Bewuchs den Boden auf. Darüber hinaus vertragen Erlen wie kaum eine andere Baumgattung Staunässe. Ihre zusätzliche Befähigung, palisadenartige Senkwurzeln an Gewässerrändern zu bilden, macht sie zu idealen Bewohnern von Bach- und Flussrändern, wo sie das Wegreißen des Bodens und Unterspülungen verhindern. Auch in Moorgebieten mit ganz niedrigen ph-Werten finden sie noch gute Wachstumsbedingungen – also insgesamt an Standorten, die den Menschen früher unheimlich waren, in der Welt der Elfen und Hexen, der Götter und Geister. So spielten Erlen schon in der keltischen Mythologie die Rolle des Bösen. Und in der griechischen Sagenwelt war die Insel der Zauberin Circe, die die Begleiter des Odysseus in Schweine verwandel-

Schwarzerlenstreifen am Godesberger Bach

Männliche Blüten der Schwarzerle

te, von Erlenwäldern gesäumt.

Wie alle anderen Birkengewächse auch, sind Erlen einhäusig getrenntgeschlechtig und bilden an einer Pflanze sowohl männliche als auch weibliche Blütenstände aus, die Kätzchen genannt werden – aber an jedem Kätzchen sitzen entweder nur weibliche oder nur männliche Blüten. Die männlichen Blüten sitzen zu dritt und die weiblichen Blüten zu zweit in den Achseln von Tragblättern. Auch die weiblichen Kätzchen verholzen und werden deshalb auch als Zapfen bezeichnet. Als Früchte werden einsamige geflügelte oder ungeflügelte Nüßchen ausgebildet.

Goethes Gedicht vom „Erlkönig" hat übrigens nichts mit der Erle zu tun - der Stoff dieser Ballade stammt aus einer dänischen Quelle, wo es um den *Ellerkonge*, also den Elfenkönig, geht. In einer ersten Übersetzung der Ballade durch Johann Gottfried Herder hatte dieser das Wort *eller* fälschlich (obwohl die Erle in Norddeutschland weiterhin als „Eller" bezeichnet wird) als „Erle" übersetzt, was von Goethe dann so übernommen wurde.

Schwarzerle

Die mittelgroße, bis 25 Meter hohe Schwarzerle (*Alnus glutinosa*) tritt in Mitteleuropa mit einem bis in die Krone reichenden, dunkelgrauen bis schwarzen Stamm oder als mehrstämmiger Großstrauch (nach Fällung) im Flachland bis in die Alpen auf 1.200 Metern Höhe auf. Ihre eiförmigen, zwei bis drei Zentimeter langen, gestielten Blätter sind vorn oft ausgerandet oder wenig zugespitzt, oberseits dunkelgrün, unterseits mit gelblichen Haarbüscheln versehen.

Das klassische Schwarzerlengebiet ist der Spreewald. Hier kann man langschäftige, sehr hohe Erlen bei einer Kahnfahrt über die Fließe genannten Kanäle sehen.

Grauerle

Die Grauerle (*Alnus incana*) kommt in den Alpen sogar bis 1.500 Metern Höhe vor. Sie bildet entweder einen durchgehenden Stamm aus oder wächst als ausladender Großstrauch. Ihre gestielten, zugespitzten Blätter sind fünf bis neun Zentimeter lang und bis zu sechs Zentimeter breit, oberseits dunkelgrün und kahl, unterseits graugrün bis bläulich. Die Blätter sind zunächst graufilzig, zum Ende des Sommers nur noch auf den Blattnerven behaart. Das Laub bleibt im Herbst übrigens lange grün.

Im Gegensatz zur Schwarz-Erle verträgt die Grau-Erle keine dauerhafte Staunässe, ist aber gegen zeitweilige Überschwemmungen durchaus gefeit.

Schwarzerlen-Fruchtzapfen

HAINBUCHE

Alte Hainbuche im Botanischen Garten

Die Hainbuche (*Carpinus betulus*) ist von Südskandinavien über Mitteleuropa bis Weißrussland und der Balkanhalbinsel verbreitet. Im Osten findet man sie bis in den Kaukasus hinein, im Westen bis zu den Pyrenäen und im Süden bis nach Süditalien.

Die Hainbuche erreicht Wuchshöhen bis zu 25 Metern bei einem Stammdurchmesser von einem Meter und kann gut 150 Jahre alt werden. Ihre Blätter sind wechselständig angeordnet, langgestielt, länglich eiförmig zugespitzt, und etwa vier bis zehn Zentimeter lang und drei bis sechs Zentimeter breit. Der Blattrand ist scharf doppelt gesägt, wodurch sie sich leicht von der Rotbuche mit ihren glattrandigen Blättern unterscheidet. Die Hainbuchenblätter sind an der Oberseite sattgrün, die Unterseite ist etwas heller und auch leicht behaart. Sie färben sich im Herbst gold oder braun-gelb und bleiben abgestorben noch fast den ganzen Winter über am Baum hängen. Deshalb eignet sich die Hainbuche als regenerationsfähige Pflanze mit geringen Standortansprüchen ideal als Heckenpflanze, bietet doch ihr verbräuntes Laub, das sie bis zum Frühjahr behält, winterlichen Wind- und Sichtschutz – der Name der Hainbuche weist auf ihre diesbezügliche Eignung hin.

Die einhäusige Hainbuche blüht im März/April, die männlichen Blüten sind gelb, vier bis sieben Zentimeter lang schlaff hängend, die eher unauffälligen weiblichen Kätzchen drei Zentimeter lang und grün. Die Fruchtstände tragen sechs bis zehn Millimeter große, zusammengedrückte, harte und einsamige Nüsschen, die von einem dreilappigen Flügel umschlossen sind. Die Früchte reifen im September/Oktober.

Das helle Holz der Hainbuche, was ihr auch den Namen Weißbuche eingebracht hat, ist ein hartes Werkholz und eignet sich zur Herstellung von Holznägeln und –schrauben. Es wurde gleichfalls in der Wagnerei benutzt. Ihr Holz eignet sich auch zur Herstellung von Dreschflegeln, was ihr den weiteren Namen Flegelbuche einbrachte. Auch ist es fäulnisbeständig, weswegen es in der Mühlenwirtschaft eingesetzt wurde.

Bonn weist auch einige Hainbuchen als Baumdenkmal aus, so

■ ein 150jähriges Exemplar, 12 Meter hoch und einem Umfang von 1,30 Meter in Kessenich am Rande des Annaberger Feldes

■ acht an die 100 Jahre alte, zwölf Meter hohe Hainbuchen mit Durchmessern weit über einem Meter am Fußweg in Dottendorf entlang des Annaberger Feldes

■ eine 300jährige Hainbuche in Kopfform, ebenfalls zwölf Meter hoch und mit einem Umfang von zwei Metern in Plittersdorf vor dem Haus Mundorf in zwei Reihen mit der 230jährigen „historischen Linde" am Südende der Terrasse.

KIRSCHEN

Blühender Kirschbaum

Kirschbäume sind überwiegend sommergrüne Pflanzen aus der Gattung *Prunus* der Familie der Rosengewächse (*Rosaceae*). Im Wesentlichen wird die Sauerkirsche (*Prunus cerasus*) von der Süßkirsche (*Prunus avium*) unterschieden. Große Kirschplantagen erstrecken sich im Meckenheimer Raum.

Die Süßkirsche, auch Vogelkirsche genannt, leitet den zweiten Teil ihres wissenschaftlichen Namens *avium* von der Vorliebe der Vögel für ihre Früchte ab. Aus der wilden Vogelkirsche (Prunus avium subsp. avium) entstanden die Knorpel-Kirsche (Prunus avium subsp. duracina) und die Herz-Kirsche (Prunus avium subsp. juliana) als Kulturkirschen.

Die Vogelkirsche wächst in ganz Europa bis zum Kaukasus. Der Baum kann bis zu 30 Meter hoch werden. Seine Blätter sind lang zugespitzt, oberseits kahl, etwas glänzend frischgrün, unterseits nur auf den Blattnerven leicht behaart. Die Blüten erscheinen zu zweit oder zu dritt kurz vor dem Blattaustrieb an belaubten Kurztrieben. Ihre Kronblätter sind rein weiß. Ihre lang gestielten Steinfrüchte sind ein Zentimeter dick und enthalten einen relativ großen, giftigen Kern. Die bis zu 2,5 Zentimeter großen Früchte der gezüchteten Süßkirsche sind formenreich und variieren im Geschmack von süß bis bittersüß.

Die auch Weichselkirsche genannte Sauerkirsche unterscheidet sich von der Süßkirsche durch härtere Blätter und kleinere Blätter

an der Basis des Blütenstandes. Die meist angebaute Sauerkirschensorte ist die Schattenmorelle.

Die Sorte ist sehr anspruchslos, fruchtbar, jedoch anfällig für die Spitzendürrenkrankheit Monilia, eine Pilzerkrankung, die verletzte Früchte befällt und sich von dort aus ausbreitet. Heute wird die Sorte über Europa hinaus auch in Nordamerika angebaut. Ihre Früchte sind groß und dunkelbraunrot. Das Fruchtfleisch ist weich mit einem intensiv roten, sehr sauren Saft. Die Kirschen, die man von Ende Juli bis Anfang August erntet, lassen sich leicht vom Stein lösen und werden gerne zu Konfitüren und Konserven verarbeitet. Ihren Namen leitet die Schattenmorelle vom französischen Dorf Château de Moreilles ab, das 218 Kilometer nördlich von Bordeaux liegt, und aus dessen Gärten diese

Vogelkirsche an der Burg Lüftelberg

HEIMISCHE LAUBBÄUME

Kirschen stammen sollen und erstmals 1598 beschrieben wurden. Der Dorfname wurde im Laufe der Zeit lautsprachlich ins Deutsche übertragen.

Das gelbbraune wertvolle Kirschholz wird gern zu Furnierholz, zu Musikinstrumenten, zu Möbeln und kleineren Gegenständen wie Leuchtern, Besteckgriffen oder Bilderrahmen verarbeitet. Im Bergischen Land wurde sie früher als „Eiche des kleinen Mannes" bezeichnet – und erzielt heute auf Flohmärkten Höchstpreise.

Besonders beliebt bei Gartenbesitzern sind die Zierkirschbäume. Am weitesten verbreitet darunter ist die Japanische Blüten- oder Zierkirsche (*Prunus serrulata*), wobei der der botanische Name *serrulata* aus dem Lateinischen kommt und „fein gesägt", bedeutet. Sie ist in Japan, China und Korea heimisch. Die bis zwölf Meter hohe Japanische Blütenkirsche bildet eine dichte Krone aus spitzelliptischen Blättern aus, die einfach oder doppelt gesägt sind. Ihre üppige Blüte beginnt bereits früh an warmen Apriltagen, die rosafarbenen Blüten stehen in Trauben zusammen. Sie entfaltet ihre Pracht aber nur für wenige Tage. Schon Anfang Mai ist die Blütezeit zu Ende und auch makellose Blüten fallen nun zu Boden. An ihrer Stelle erscheinen nun die kleinen Steinfrüchte.

Die Japanische Blütenkirsche ist eng mit dem japanischen Brauchtum verbunden. „Hanami" ist das mehrtägige Fest des „Blütensehens", das allergrößte Aufmerksamkeit im ganzen Land erfährt.

Blüten der Vogelkirsche

Unsere heimische Vogelkirsche ist häufiger Bestandteil der Buchen- und Eichenmischwälder, in denen sie nur dem Baukenner auffällt. Dass sie nicht zu den seltenen Bäumen gehört, sieht man am besten im Frühjahr auf einer Fahrt von Hennef das Siegtal aufwärts. Die dann blühende Wildkirsche leuchtet deutlich aus den bewaldeten Steilhängen empor und beispielsweise an den Sieg-Gegenhängen von Kloster Merten bis Herchen gut zu sehen.

In Notzeiten wurde die Wildkirsche auch beerntet. Die Verwertung war ebenso mühsam wie die Ernte, weil die Wildkirschenfrucht mehr aus dem Steinkern als aus Frucht besteht. Ornithologen lieben sie besonders wegen des schnabelgerechten Fruchtansatzes, Waldeigentümer mehr wegen ihres Holzes. Das Wildkirschen-Stammholz ist als heimisches Möbelholz sehr begehrt. Im Februar können auf dem Wertholz-Lagerplatz im Kottenforst (parallel zur BAB565 von Bonn kommend rechts vor der Ausfahrt Meckenheim-Nord) die hier präsentierten Spitzenstämme aus dem gesamten Rheinland bewundert werden. Auf einem so genannten Submissionstermin werden alljährlich die besten Stämme der verschiedensten Baumarten an interessierte Verwender und Verarbeiter aus der gesamten Bundesrepublik verkauft.

Japanische Zierkirsche in der Außenstelle des Botanischen Gartens im Melbtal

KULTURAPFEL

Apfelbäume in Blüte

Der Bonner Raum birgt eines der großen Obstbaugebiete Deutschlands. Rund um Meckenheim breiten sich große Plantagen aus, deren Hauptfrucht der Kulturapfel (*Malus domestica*) ist. Der Name des zu den Rosengewächsen *(Rosaceae)* zählenden Baumes sowie seiner kugeligen Frucht kommt in fast allen indogermanischen Sprachen vor. Im Gegensatz zu den Namen für andere Früchte, die mit der römischen Kultur des Obstbaus aus dem Lateinischen übernommen wurden, wie zum Beispiel Birne, Kirsche oder Pflaume, ist beim Apfel der germanische Wortstamm erhalten geblieben – wohl weil veredelte Apfelsorten bereits in vorrömischer Zeit in Mitteleuropa vorhanden waren. Aber die Römer brachten ihre größeren, *malus* genannte Äpfel nach Norden mit, wovon sich ihr botanischer Namen ableitet.

Der Kulturapfel ist eine Zuchtform, dessen Stammform der Holzapfel (*Malus sylvestris*) ist, eine Kreuzung mit anderen Naturapfelsorten wie *Malus praecox* oder *Malus dasyhylia* ist anzunehmen. Neure Untersuchungen ergeben auch eine Abstammungslinie zum asiatischen Wildapfel (*Malus sieversii*). Seine Früchte sind mit sieben Zentimetern Durchmesser die größten alle Wildapfelsorten. Heute kann man übrigens den Holzapfel kaum noch von verwilderten Formen des Kulturapfels unterscheiden – vielleicht sind die heutigen Holzäpfel ohnehin „nur" noch wildnahe Formen des Kulturapfels.

Der acht bis fünfzehn Meter hohe Kulturapfelbaum mit weit ausladender Krone – sofern man ihn einzeln stehen wachsen lässt – trägt mittelgroße, kurz zugespitzte Blätter an relativ kurzem Blattstiel. Diese sind anfangs auf beiden Seiten dicht behaart, später oberseits verkahlend und glänzend dunkelgrün. Zum Herbst hin färben sich die Blätter unterschiedlich gelblich-braun, bei manchen Sorten fallen sie erst im Dezember ab. Die Blüten stehen zu dritt bis zu acht in Doldentrauben am Ende von Kurztrieben. Ihre Kronblätter sind innen weiß bis hellrosa, außen dunkler rosa bis rötlich, die Staubblätter gelb. Die Früchte sind je nach Sorte unterschiedlich groß und gefärbt.

Weltweit gibt es mehrere zehntausend Apfelsorten. Viele von ihnen sind in Vergessenheit geraten, weil sie wegen wirtschaftlich geringerer Bedeutung oder zu schwierigem Anbau nicht weiter in Kultur genommen wurden. Andererseits sind viele der so genannten alten Apfelsorten auf Streuobstwiesen erhalten geblieben und werden heute als Relikte der früheren Hausgartensorten liebevoll gepflegt. Im modernen Erwerbsobstbau spielen heute nur noch etwa 20 Sorten eine Rolle, darunter die bekannten Sorten Cox Orange, Golden Delicious, Jonagold, Elstar, Idared, Gloster, Granny Smith, Braeburn und Fuji. In Erinnerung an die „guten alten Zeiten" wird den alten Sorten vor allem ihr wunderbarer Fruchtgeschmack nachgesagt. Dabei hat sich der „moderne" Geschmack sehr stark in die süß-säuerliche Richtung entwickelt – und das Fruchtfleisch muss saftig-knackig sein. Diesen Ansprüchen kommen eher die gängigen Wirtschaftssorten nach. Daneben werden besondere Sorten für Säfte mit eher säuerlichem Geschmack benötigt, wie etwa Berlepsch, Goldparmäne oder Gravensteiner. Wieder andere sind für die industrielle oder häusliche Verarbeitung geeignet. Als Beispiel für einen Back-, Brat- oder Kochapfel sei der Boskoop erwähnt.

An Bedeutung gewonnen haben auch Zierformen des Kulturapfels – die so genannten Zieräpfel. Sie unterscheiden sich beispielsweise nach Blüte, Fruchtform, Größe oder Blattfarbe - besonderer Beliebtheit erfreuen sich die Kirschäpfel.

Äpfel spielen in Mythologie und Religion eine große Rolle. Der biblische Sündenfall tritt ein, als Adam und Eva gegen das Verbot Gottes, von den Früchten des Baums der Erkenntnis zu essen, verstoßen. An sich wird man davon ausgehen müssen, dass es sich um einen Feigenbaum handelte, doch die christliche Kunst des Mittelalters machte daraus einen Apfelbaum, vielleicht wegen der Wortähnlichkeit in der lateinischen Bibelübersetzung zwischen *malus* (= Apfelbaum) und *malum* (= das Böse). Doch schon in der frühen Antike wurde dem Apfel eine hohe Symbolkraft beigemessen. So war in der griechischen Mythologie der Fruchtbarkeitsgott Dionysos der Schöpfer des Apfelbaumes. Er widmete ihn Aphrodite als Sinnbild ihrer Schönheit und Liebe. Eris, die Göttin der Zwietracht, nutzte die Frucht dagegen als Zankapfel, um Streit zu säen. Den Christen gilt der Apfel als Symbol der Unkeuschheit, Versuchung und Erbsünde. In Form des Reichsapfels diente er den Kaisern und Königen des Heiligen Römischen Reichs als Symbol der Weltkugel und zeichnete sie als Weltherrscher in der Tradition der Cäsaren aus.

An apple a day keeps the doctor away

Der Gesundheitswert des Apfels ist unumstritten. In 100 Gramm Apfel sind enthalten:

12 g Kohlenhydrate mit einem ausgewogenem Verhältnis von Frucht- zu Traubenzucker, bis zu **2,3 g Pektin** und Zellulose als wertvolle Ballaststoffe,

bis zu **35 g Vitamin C**, weitere Vitamine wie z.B. **Tocopherol** und **B-Vitamine**

und nicht zuletzt viele Mineralstoffe wie **Kalium**, **Phosphor**, **Calcium**, **Magnesium** oder **Eisen**.

KULTURBIRNE

Alter Birnbaum im Park der Burg Endenich

Die sommergrünen Birnen (*Pyrus*) bilden eine Kernobstgattung in der Familie der Rosengewächse (*Rosaceae*). Ihre Wildform (Holzbirne) ist in Europa und Kleinasien beheimatet und seit der Antike in Kultur. Die Kultur-Birne (*Pyrus communis*) wird heute in zahlreichen Sorten angepflanzt, die je nach Unterlage und Schnitt sehr unterschiedliche Stamm-Wuchsformen zwischen drei und zwanzig Metern zeigen. Holzbirnen können alt werden – auf geeigneten Standorten erreichen sie ein Lebensalter von 120 bis 150 Jahren.

Die Kulturbirne ist längst dornenlos, wohingegen die Wildformen dornenbesetzt sind. Offensichtlich ist die „moderne" Kulturbirne aus mehreren im Ursprungsgebiet heimischen Wildarten entstanden, so hauptsächlich aus der südwestasiatischen *Pyrus syriaca*, aus der mitteleuropäischen *Pyrus pyraster* und aus der mediterranen *Pyrus nivalis*. Die Kultivierung erfolgte auch in Mitteleuropa vor der Zeitenwende, denn es gibt Belege aus der Jungsteinzeit im Gebiet um den Bodensee. Ausgewilderte Kultursorten sind von der Wildform - wie beim Apfelbaum – oftmals nur noch schwer zu unterscheiden. Heute sind im Bonner Raum Birnenplantagen vor allem im Gebiet um Meckenheim anzutreffen.

Arttypisch für den klassischen Birnbaum ist seine ei- bis birnenförmige Krone. Die wechselständig angeordneten, hellgrünen, leicht ledrigen Blätter der Birne sind eirund bis elliptisch, zwei bis acht Zentimeter lang. Ihr Rand ist fein gesägt oder gekerbt, die untere Blatthälfte dabei oft ganzrandig, zunächst behaart und später kahl. Ihre Herbstfärbung geht von lebhaftem Gelb bis ins Orangerot über.

Die Borke des Birnbaums ist graubraun, würfelartig eingeschnitten und reißt in großen Schuppen oder Feldern auf. Die Rinde der Zweige ist erst glänzend braun und später graubraun. Unter den Kultursorten gibt es gelegentlich auch bedornte Zweige.

Die zwittrige Birnenblüte hat fünf reinweiße Kronblätter. Aus ihrer Mitte entspringen an die zehn dunkelrote Staubbeutel. Die durch das enthaltene Trimethylamin streng duftenden, zwei bis drei Zentimeter großen Blüten stehen in doldentraubigen Blütenständen zusammen. Ihre Farbe ist immer

Der Birnbaum von Ribbeck ____

An der Südwestecke der kleinen Dorfkirche zu Ribbeck stand einst ein alter Birnbaum, dort, wo der Ahnherr Hans-Georg von Ribbeck beigesetzt worden war. Der Sage nach hatte er den Kindern des Dorfes immer die Früchte seines Birnbaums geschenkt und sogar eine Birne mit in sein Grab genommen, aus der dann ein neuer Birnbaum wuchs. Theodor Fontane griff die Sage auf und verfasste 1889 sein berühmtes Gedicht „Herr Ribbeck auf Ribbeck im Havelland":

weiß, unabhängig davon, ob sich rot- oder grünschalige Früchte entwickeln. Die Blütezeit zieht sich je nach Sorte von April bis Mai hin. Überwiegend werden die Blüten durch Insekten bestäubt.

Ebenfalls nach Sorten unterschiedlich erfolgt die Birnenernte zwischen Juli und Oktober. Die saftigen und süßen Früchte weisen überwiegend die typische Birnenform auf. Sie sind dabei rundlich bis länglich, schmal, gerade oder gebogen. Birnen können fünf bis sechzehn Zentimeter groß und vier bis zwölf Zentimeter breit werden. Ihre Schale ist grünlich, gelblich, rötlich oder orange bis bräunlich gefärbt. Die säurearmen Früchte besitzen den höchsten Zuckergehalt und sind damit besonders nahrhaft. Sie enthalten beispielsweise auch vier Prozent mehr Ballaststoffe als Äpfel. Was

Blütenknospen

den Gesundheitswert von Birnen anbetrifft, ist noch ihr hoher Eisen-, der Kalium- und der Phosphorgehalt zu erwähnen.

Während das Holz des Apfelbaumes kaum wirtschaftlichen Nutzwert hat, wird das schwere, harte, haltbare und polierfähige Birnbaumholz zu verschiedenen Drechsler-, Schnitzer- und Tischlerarbeiten eingesetzt. Da es sich auch schwarz einfärben lässt, wurde es früher gern als Ebenholzimitat gebeizt.

Herr Ribbeck auf Ribbeck im Havelland,
Ein Birnbaum in seinem Garten stand,
Und kam die goldene Herbsteszeit
Und die Birnen leuchteten weit und breit,
Da stopfte, wenn's Mittag vom Turme scholl,
Der von Ribbeck sich beide Taschen voll.
Und kam in Pantinen ein Junge daher,
So rief er: „Jung, wiste'ne Beern?"
Und kam ein Mädel, so rief er „Lütt Deern",
Kumm man röver,
ick hebb 'ne Beern".

150 Jahre alt wurde der Birnbaum an der Dorfkirche, bis ihn am 20. Februar 1911 ein Sturm fällte. Die Familie von Ribbeck pflanzte einen neuen Birnbaum. Heute steht an seiner Stelle der dritte Baum.

LINDEN

Lindenallee zum Unteren Dützhof bei Heimerzheim

In Deutschland sind zwei von den insgesamt fünfzig über die Nordhemisphäre verbreiteten Lindenarten beheimatet, die Sommerlinde (*Tilia platyphyllos*) und die Winterlinde (*Tilia cordata*).

Linden sind sommergrüne Bäume und benötigen Lichtstandorte auf nährstoffreichen Böden, die Winterlinde ist allerdings etwas genügsamer. Sie können sich frei stehend zu prächtigen, langlebigen Bäumen mit einzigartiger Ausstrahlung entwickeln. Dann bilden sie eine breite kegelförmige Krone mit weit durchgehendem Stamm, die im Alter eine eiförmig abgerundete Form annimmt. Im Juni/Juli verströmen die Blüten der Sommerlinde und etwa 14 Tage später die der Winterlinde einen betörenden Duft, der tagsüber Bienen, Hummeln und andere Insekten und nachts Motten anzieht.

Die Sommerlinde kann bis zu 40 Meter hoch werden. Ihre Blätter sind rundlich bis schief herzförmig, weich und unterseitig weiß behaart. Die Blüten an hängenden Trugdolden sind gelb. Die Herbstfärbung setzt früh ein. Die Rinde an den jungen Zweigen ist olivgrün und braunrot. Winterlinden werden nicht ganz so hoch. Ihr Laub ist unterseitig blaugrün, in den Achseln braun behaart. Die Blüten sind gelblich weiß.

Linden zählen bei uns zu den volkstümlichsten Bäumen, vielleicht auch deshalb, weil es so viele uralte Linden gibt. Denn diese Bäume können durchaus 1.000 Jahre alt werden. Die Dorflinde war das Zentrum eines Ortes, unter Linden wurde getanzt, unter Linden wurde Gericht gehalten. Zu den ältesten Linden gehören die Wolframslinde bei Kötzting, die Tassilolinde bei Wessobrunn, die Linde in Effeltrich oder die Kasberger Linde. Auch im Bonner Raum steht im Bereich der oberen Ahr in Wiesbaum eine uralte Linde auf dem Friedhof an der spätgotischen Kirche. Die Dorfbewohner meinen, sie sei zurzeit des Kirchenbaus gepflanzt worden, und tatsächlich wurde ihr Alter anlässlich einer baumchirurgischen Behandlung mit 500 Jahren angegeben. Schon in der griechischen Sagenwelt spielte die Linde eine wichtige Rolle, den Germanen galt sie als heiliger Baum und wurde der Göttin Freya zugeschrieben. Nach Kriegen wurden so genannte Friedenslinden gepflanzt, so nach dem den Westfälischen Frieden, wie etwa die „Friedenslinde am Dreierhäuschen" im thüringischen Ponitz. Auch erinnern sie an lokale kriegerische Ereignisse wie die Zerstörung Ratzeburgs.

Linden werden als prächtige Blütenbäume mit wunderschöner Herbstfärbung gern in Parkanlagen, auf Dorfplätzen, als Alleebäume oder auch an Gehöften gepflanzt und sind beliebte Bäume für Gastgärten. Aennchen Schumacher, die Lindenwirtin aus Bad Godesberg, betrieb die wohl die bekannteste solcher Gaststätten.

Linden finden auf vielerlei Weise wirtschaftliche Verwendung. Großer Beliebtheit erfreut sich der Lindenblütenhonig. Besonders die Winterlinde ist durch ihre großen

Blütenstände sehr ertragreich. Aus den Blütenständen einschließlich der Hochblätter wird Lindenblütentee hergestellt, der bei Erkältungskrankheiten lindernd wirkt. Das weiche Lindenholz ist wenig dauerhaft und deshalb im Außenbereich nur bedingt nutzbar, dafür umso mehr im Innenbereich. Gern wurde es als Schnitzholz gebraucht, das auch so berühmte Künstler wie Tilmann Riemenschneider oder Veit Stoß verwendeten.

Neben den beiden ursprünglich bei uns beheimateten Lindenarten hat zusätzlich die Silberlinde (*Tilia tomentosa*) als Schmuckbaum Bedeutung gewonnen. Die ursprünglich in Südosteuropa und Kleinasien beheimatete widerstandsfähige Baumart, die dort Wald bildend ist, wird aufgrund ihres dekorativen Erscheinungsbildes seit dem 19. Jahrhundert in Parks und Gärten angepflanzt.

An Bedeutung gewonnen haben Hybriden aus Sommer- und Winterlinde (*Tilia x europaea*), die auch als Holländische Linde bezeichnet werden. Dieser Hybrid kann 30 bis 40 Meter hoch werden, ist schnittverträglich und formbar zur Kasten-, Dach-, Schirm- und Spalierform. So wird beispielsweise die Sorte (*Tilia x europaea 'Pallida'*) auch als Kaiser-Linde bezeichnet. Sie wird häufig kastenförmig für Uferpromenaden, Grüngürtel, für Parkachsen oder als Einzelbaum gezogen.

Eine größere Zahl geschichtsträchtiger wie gleichermaßen kulturgeschichtlich bedeutsamer Linden steht im Bonner Raum unter Denkmalschutz:

■ 60 bis 80jährige Winterlinden in Botanischen Garten, im Garten der Burg Endenich, im Garten der Burg Dransdorf, im Garten des Grundstückes Adenauerallee 120-122, in Bad Godesberg zwischen der Luisenstraße und der Rheinpromenade.

■ Eine 100jährige Silberlinde mit fast vier Metern Stammumfang steht außerhalb des Parks der Villa Hammerschmidt, Adenauerallee 125.

■ Die 230 Jahre alte „Historische Linde" in Plittersdorf ist eine von zehn Sommerlinden in Kopfform, die in zwei Reihen stehen und im Durchschnitt 150 Jahre alt sind.

■ Vier 80jährige Sommerlinden stehen in Beuel vor dem so genanten Alten Bröhltalbahnhof in der Rheinaustraße.

■ Drei mächtige kleinblättrige Winterlinden, die 70 bis 100 Jahre alt sind, findet man in Oberkassel an der Hauptstraße 29.

■ Seit mehr als 150 Jahren prägt die „Alte Gerichtslinde" (eine Winterlinde) im Ensemble aus Pfarrkirche und Friedhof das Walberberger Ortsbild. Hier wurden seinerzeit Verträge geschlossen und Markt gehalten. Die erste Erwähnung einer Linde an dieser Stelle erfolgte bereits im Jahr 1478, so dass man davon ausge-

Lindenblütenhonig

In Nordrhein-Westfalen sind Linden, besonders die Winterlinde, als Waldbaum selten geworden. Das größte Vorkommen befindet sich im Kottenforst im Zuständigkeitsbereich des Forstamtes Rhein-Sieg-Erft. Seit dreißig Jahren wird das anerkannte Saatgut der Winterlinde hier gewonnen und in Baumschulen weiter vermehrt. Die Boden verbessernde Wirkung des Lindenlaubes und der Anbau in Eichenbeständen zur Schaftpflege sprechen für diesen Baum, der im Bonner Raum in Mischung mit Stieleichen und Hainbuchen eine eigene Waldgesellschaft bildet. Da die Linden zu den wenigen Waldbäumen gehören, die von Insekten, speziell von Bienen bestäubt werden, zieht es die Imker während der Lindenblüte in den Wald. Dort, wo früher die Zeidler (= Honigsammler) die Waldimkerei betrieben, hat sich auch die Linde als Waldbaum lange erhalten. Lindenhonig gilt auch heute noch als aromatische, gesunde Delikatesse – und wird übrigens auch von Schnitzern gern verwendet.

Bei schwül warmem Wetter sondern Linden besonders reichlich Nektar ab. Bereits in den frühen Morgenstunden ab 6 Uhr und abends bis 22 Uhr befliegen die Bienen die Linden, wobei zwischen 16 und 18 Uhr der stärkste Bienenbesuch stattfindet. Frisch geschleudert bleibt der Honig dann noch flüssig bis etwa Ende Juli und kann danach nur noch in festem Zustand geliefert werden. Das Aroma dieses Honigs ist unbeschreiblich; der intensive Geruch erfüllt den Honigschleuderraum des Imkers und hat eine fast betäubende Wirkung.

Laub der Sommerlinde

hen kann, dass die heutige Linde bereits eine Vorgängerin hatte.

■ Die weithin sichtbare Sommerlinde in Lohmar-Halberg in unmittelbarer Nähe zur Kapelle an der ehemaligen Poststraße soll gemäß urkundlicher Nennung im Jahr 1810 gepflanzt worden sein.

■ Über 300 Jahre steht schon die Winterlinde Ecke Hochkreuz und Wahner Weg gegenüber Haus Nr. 11-13 im Ortsteil Hochhausen von Neunkirchen-Seelscheid. Unmittelbar neben der Linde steht ein altes Wegekreuz.

■ Weithin sichtbar steht die alte „Dreikronen-Linde" (eine Winterlinde) im Ortsteil Straßen von Neunkirchen-Seelscheid an der B56, wo die Dreikronen-Straße mündet. Bemerkenswert ist ihre ungewöhnliche Kronenform, die durch einen besonderen Zuschnitt im Laufe ihres dreihundertjährigen Bestehens auf drei Ebenen entstanden ist. Zurückzuführen ist dieser dreigliedrige Schnitt auf den Wunsch, die christliche Heili-ge Dreifaltigkeit zu symbolisieren.

■ In Rheinbach-Oberdrees bildet eine Winterlinde auf dem Kirchenvorplatz einen zentralen Blickpunkt des idyllischen Ortskerns. Der aufgrund ihrer Lage in direkter Nachbarschaft zur Kirchturmwand zeigt der leicht seitlich geneigte Stamm die typischen Wulste und knollenartigen Verdickungen der Baumart.

■ In Ruppichteroth erscheint in leicht erhöhter Hanglange die mächtige Sommerlinde als prägendes Element des Burgplatzes. Hier konnte sie sich frei entfalten und zwei Hauptstämme ausbilden. Inzwischen sind der Stamm und das Astwerk des Baumes durch Seilverspannungen abgesichert.

■ Die Sommerlinde in Windeck-Rosbach am Kapellenweg 14 wurde 1743/44 zeitgleich mit dem Bau der Ortskapelle gepflanzt. Sie zeigt das typische Gepräge ihrer Art, was durch die tief herabhängenden Äste noch verstärkt wird.

Blattgallen auf einem Winterlindenblatt

Aennchen Schumacher übernahm 1891 im Alter von 31 Jahren den schon an die 150 Jahre zuvor gegründeten „Gasthof zum Godesberg" von ihrer Mutter. Die Gastwirtschaft wurde immer beliebter bei den Bonner Studenten, nicht zuletzt auch wegen der schönen Wirtin. Sie hatte ein Herz für Studenten, brachte manchen von ihnen durch Ermahnungen wieder auf den rechten Pfad und sammelte ihre Lieder. Die Liedersammlung gab sie im Selbstverlag als „Kommersbücher" heraus. Eines darunter begann mit der Zeile: „Kein Tropfen im Becher mehr…":

1. Keinen Tropfen im Becher mehr
Und der Beutel schlaff und leer,
Lechzend Herz und Zunge,
Angetan hat's mir dein Wein,
Deiner Äuglein heller Schein
: Lindenwirtin, du junge! :

2. Und die Wirtin lacht und spricht:

„In der Linde gibt es nicht,
Kreid' und Kerbholz leider;
Hast du keinen Heller mehr,
Gib zum Pfand dein Ränzel her,
: Aber trinke weiter."

Als zwei Studenten dem Lied die nachfolgende Strophe anfügten:
Wisst ihr, wer die Wirtin war,
schwarz das Auge, schwarz das Haar?

Aennchen war's, die Feine.
Wisst ihr wo die Linde stand,
jedem Burschen wohlbekannt?
Zu Godesberg am Rheine.

Durch diese Strophe wurde Aennchen weithin bekannt. Sie taufte ihre Gasstätte „Zur Lindenwirtin" um. Doch nach dem Ersten Weltkrieg hatte sich die Welt für sie zu sehr verändert. 1920 verkaufte sie ihre Gaststätte. 1971 wurde die Gaststätte im Rahmen der Altstadtsanierung um einige Meter versetzt, wo sie bis heute noch steht.

Stammfuß der denkmalgeschützten Winterlinde in Hochhausen

Mehlbeeren

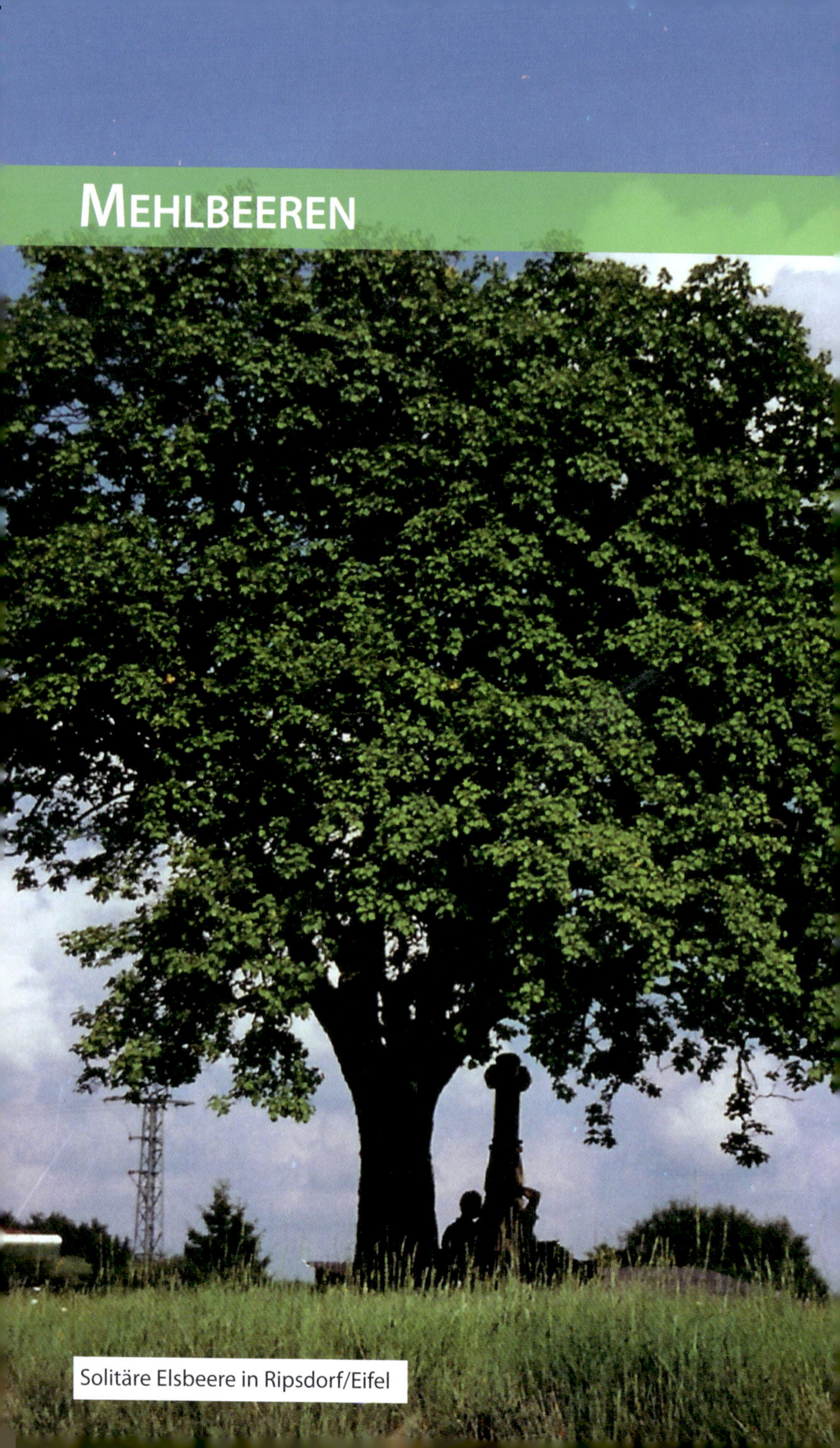

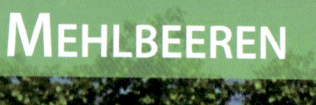

Solitäre Elsbeere in Ripsdorf/Eifel

Die Pflanzengattung der Mehlbeeren (*Sorbus*) oder Ebereschen, die mit etwa 80 Arten in den gemäßigten Breiten der nördlichen Hemisphäre beheimatet sind, gehört zur Familie der Rosengewächse (*Rosaceae*). Alle Mehlbeeren tragen als Kernobstbäume auffällige Früchte. Einige werden wegen dieser attraktiven Früchte und wegen ihrer attraktiven Herbstlaubfärbung in Gärten und Parks angepflanzt. Ihre botanische Namensgebung hat zweierlei Wurzeln, einmal vom keltischen *sor* (= sauer) und vom lateinischen *sorbere* (= verschlucken). Die Bezeichnung als Eberesche leitet sich vom altdeutschen Begriff *aber* (wie in „Aberglaube") und von „Esche" ab, weil ihre Blätter jenen der Esche ähneln.

Eberesche

Die eigentliche, bei uns beheimatete, anspruchslose Eberesche (*Sorbus aucuparia*) wird als eine der 80 Mehlbeerenarten gemeinhin als Vogelbeere bezeichnet. Als junger Baum ist die Eberesche schnellwüchsig, sie wird aber nur zehn bis achtzehn Meter hoch. Sie stellt keine großen Ansprüche an ihren Standort, bevorzugt Waldlichtungen und Waldränder und ist auch noch mit nährstoffarmen Böden zufrieden. Insofern stellt sie ein Pioniergehölz auf Kahlschlägen, Ödland, Halden oder Trümmerflächen dar. Ihr Laub ist unpaarig gefiedert, die Herbstfärbung gelb bis orange. Die Blüten treten als weiße, flache Doldenrispen im Mai/Juni auf. Von Ende August bis Oktober sind die kleinen roten kugeligen Früchte, die üppige Trugdolden bilden, reif und lassen sich relativ leicht von Hand pflücken.

Speierling

Der Eberesche sehr ähnlich ist der Speierling (*Sorbus domestica*) als weiteres Mehlbeerengewächs, das inzwischen aber sehr selten geworden ist. Als Wildobstart wurde er gern im Mittelwald angepflanzt, einer alten Waldbewirtschaftungsform, bei der man das Unterholz als Brennholz nutzte und einzelne starke Stämme zur späteren Holznutzung und als natürliche Verjüngung stehen ließ. Es ist ein zehn bis zwanzig Meter hoher Baum, der 600 Jahre alt werden und einen Stammdurchmesser von einem Meter erreichen kann. Seine Borke ist kleinschuppig und graubraun.

Speierling an der Steinbachtalsperre

Seine Fiederblätter sind bis zu 25 Zentimeter lang. Am besten lässt er sich durch seine Früchte von der Eberesche unterscheiden – die des Speierlings sind zwei bis vier Zentimeter groß, birnen- oder apfelförmig und in der Reife nicht nur rotwangig, sondern auch grüngelb gefärbt. Übrigens wird der gerbstoffreiche Saft der unreifen Früchte in geringen Mengen von 1-3% dem Apfelwein (*Äppelwoi*) zugefügt, der dann im Frankfurter Raum nach der Frucht auch als Speierling bezeichnet wird. Die Römer sollen der Speierling bei uns verbreitet haben, um ihren Wein haltbarer zu machen. Als „Schweizer Birnbaum" ist sein Holz sehr begehrt.

Der Speierling ist als Waldbaum zum Beispiel im Ländchen im Privatwaldbestand von Dr. Abs anzutreffen. Häufiger ist er in einem Bestand bei Münstereifel unterhalb des so genannten Kleinen Teleskops. Als Alleebaum steht er hinter Wormersdorf nahe der Tomburg an dem Weg, der in den Wald führt. Hier stehen auch noch zwei alte Exemplare.

Echte Mehlbeere

Die Echte Mehlbeere (*Sorbus aria*), auch Silberbaum genannt, ist von strauchigem Wuchs, wird aber als Baum mit aufrechtem, geradem Stamm und sehr gleichmäßiger, meist flach gewölbter Krone bis zwölf Meter hoch. Dieser Baum kommt in Mitteleuropa vor allem im Bereich der Mittelgebirge vor und steigt in den Alpen bis 1600 Meter hoch. Die Blätter an kurzem Blattstiel sind am Grunde breit keilförmig und vorne kurz zugespitzt, oberseits dunkelgrün und glänzend, unterseits dicht filzig behaart. Im Herbst verfärben sie

Schwedische Meelbeere im Park der Burg Endenich

Vogelbeeren _____

Die Früchte der Eberesche werden umgangssprachlich als Vogelbeeren bezeichnet. Oftmals sind sie auch schon, bevor sie richtig rot ausreifen, von Vögeln vernascht worden. Für den Menschen sind Vogelbeeren wegen ihres hohen Gehalts an Apfelsäure und Gerbstoffen nicht genießbar, giftig sind sie aber nicht. Auch enthalten sie Parasorbinsäure, die in größeren Mengen abführend wirkt. Früher waren die Vogelbeeren wegen ihres hohen Gehaltes an Vitamin C ein wirksames Mittel gegen

sich goldgelb bis gelblichrot. Die sich spät bildende Borke des Stammes ist grau und längsrissig. Die weißen Blüten treten in flachen Schirmrispen auf. Die kleinen orange- bis scharlachroten Apfelfrüchte werden bis 15 Millimeter groß, haben mehliges Fruchtfleisch und sind ohne besonderen Geschmack nach Erhitzen essbar. Diese Früchte wurden früher gesammelt, zu Fruchtmus verarbeitet oder als Mehlersatz im Brot verbacken – daher der Name!

Schwedische Mehlbeere

Es gibt dann unter den weiteren Mehlbeeren noch die Schwedische Mehlbeere (*Sorbus intermedia*), auch als Oxelbeere bekannt, deren natürliches Vorkommen in Südschweden, in Südfinnland, im Baltikum und in Norddeutschland ist. Wahrscheinlich handelt es sich um eine nach der Eiszeit entstandene Hybride aus Vogelbeere und Echter Mehlbeere. Sie wird bei uns als Schmuckbaum in Parks und Gärten sowie als Straßenbaum angepflanzt. Diese Mehlbeerenart wird 15 Meter hoch und bildet eine dichte kugelige Krone aus. Die eiförmigen Blätter werden bis zu zehn Zentimeter lang und sind bis zur Mitte gelappt, an der Spitze gesägt. Die Oberseite ist dunkelgrün glänzend, die Unterseite ist grau-filzig. Die Schwedische Mehlbeere trägt essbare, mehlig-süße, beerenartige Steinfrüchte, die bis zu einen Zentimeter groß werden und die man gekocht verzehren kann.

Elsbeere

Die Elsbeere (*Sorbus torminalis*) ist eine bis 22 Meter hohe Mehlbeerenart, die bräunliche Früchte

Skorbut und Heiserkeit. Dazu enthalten sie weitere wertvolle Inhaltsstoffe, so etwa Beispiel Provitamin A, ätherische Öle und Anthocyane.

Längst aber sind Feinschmecker auf den Wert der Vogelbeere aufmerksam geworden. In Kombination mit Äpfeln, Birnen und Quitten lassen sich interessante Konfitüren mit leicht herb-saurer Note bereiten, die vor allem zu Wildgerichten passen. Darüber hinaus ist die Vogelbeere eine attraktive Frucht zur Bereitung von Saft, Fruchtwein und Spirituosen mit feinem Bittermandel-Aroma. Dem neuen Trend folgend, gibt es heute auch schon bitterstoffarme oder bitterstofffreie Zuchtsorten, die so genannten Edel-Ebereschen, wie "Edulis" oder "Rosina" in Baumschulen zu kaufen, deren Früchte auch frisch verzehrt werden können.

trägt. Sie kommt vor allem in warmen Eichenwäldern vor, liebt sonnige Böden und wächst in Höhen bis 1.000 Metern. Ihre Blätter erinnern an die des Ahorns. Als Zierbaum wird sie gern in Parks und Gärten sowie als Alleebaum gepflanzt. Sie ist wahrscheinlich die einzige Mehlbeerenart, die nicht bastardisiert. Ihre Früchte wurden als Volksheilmittel gegen die Ruhr eingesetzt.

Die Elsbeere ist in Deutschland inzwischen selten geworden. Es soll noch wenige richtig ausgewachsene Exemplare geben. Allerdings ist der Landwirt auf Schloss Wachendorf bei Mechernich darum bemüht, in seinem Forst auf einem halben Hektar eine größere Anzahl von Elsbeeren-Setzlingen anzupflanzen. Die Ergebnisse der Aufforstungsaktion werden aber an die 30 Jahre auf sich warten

Blatt der Elsbeere

lassen, denn mit der ersten Ernte der etwa 1,5 Zentimeter kleinen Früchte wird erst in 25 Jahren zu rechnen sein.

Fruchtstand der Vogelbeere

MISPEL

Mispel

Die Echte Mispel (*Mespilus germanica*), einzige Art der Gattung Mespilus aus der Familie der Rosengewächse (*Rosaceae*) ist ursprünglich in Vorderasien und Südosteuropa beheimatet und wurde seit dem Altertum in Mitteleuropa eingeführt. Seither ist sie stellenweise bei uns verwildert und hatte im Mittelalter große Bedeutung. Die Echte Mispel ist ein sommergrüner, strauchwüchsiger Baum von bis zu acht Metern Höhe, der allerdings bei Mehrstämmigkeit kleiner bleibt. Oft ist das Erscheinungsbild breiter als hoch. Wildwachsende Mispeln haben normalerweise Dornen an den Jungtrieben, in Kultur gezogene Mispeln sind dagegen dornenlos. Ihre Rinde ist braunrot und löst sich am alten Holz schuppig ab. Zweige und Knospen sind ebenfalls graubraun bis braunrot gefärbt, allerdings locker filzig behaart. Das Exemplar im Arboretum des Botanischen Gartens Bonn wurde 1965 gepflanzt und ist bereits vier Meter hoch.

Mispeln haben große, sieben bis fünfzehn Zentimeter lange, kurz gestielte, wechselständig angeordnete Blätter, die bis zu drei Zentimeter breit werden. Sie sind oberseits kräftig grün, unterseits leicht behaart und heller gefärbt.

Die auffallend großen, fünfzähligen weißen Blüten erscheinen im Mai bis Juni, stehen endständig an Kurztrieben und haben einen Durchmesser von bis zu fünf Zentimetern. Die rauschaligen Früchte reifen vom Oktober an bis in den November hinein. Es sind kleine apfelförmige Früchtchen in abgeflachter Kugelform mit einer Öffnung am unteren Ende, gesäumt von fünf langen Kelchzipfeln, die in der Wildform zwei bis drei Zen-

Blüten der Mispel

timeter, in der Kulturform fünf bis acht Zentimeter groß werden und fünf Steinkerne aufweisen. Wegen dieses Auges der Mispel wird sie im Saarland auch „Hundsärsch" genannt.

Mispeln hatten im Mittelalter als Obstbäume eine große Bedeutung. Heute werden kaum noch Mispelplantagen betrieben. Die Früchte entstammen Privatgärten und werden zumeist auch in Privathaushalten verwendet, zu Marmeladen verkocht oder zu Säften und Getränken verarbeitet. Die festfleischigen Mispelfrüchte sind allerdings bis zum ersten Frost nahezu ungenießbar. Erst nach Frosteinwirkung und einer mehrwöchigen Lagerung, durch die Tannine und Fruchtsäuren abgebaut werden, sind die Früchte säuerlich-aromatisch wohlschmeckend. Auch die Volksmedizin nutzt Mispelfrüchte wegen ihrer harntreibenden und adstringierenden Wirkung. Sie können darüber hinaus auch zur Förderung der Verdauung genossen werden. Außerdem sollen sie Verkalkungsprozesse verlangsamen und können deshalb gegen Arterienverkalkung verwendet werden.

Die Holznutzung der Mispel spielt heute keine Rolle mehr. Früher wurde es in der Drechslerei verwendet und in Meilern verkohlt. Als Zierstrauch sieht man die Mispel mit ihrem üppigen weißen Blütenflor in Vor- und Bauerngärten, an Burgen und vor alten Häusern.

Frucht der Mispel

HEIMISCHE LAUBBÄUME

Pappeln

Pyramidenpappel

Die Pflanzengattung der Pappeln (*Populus*, wie die Römer sie schon nannten) besteht aus 40 sommergrünen Baumarten, die in der Nordhemisphäre verbreitet sind. Sie gehören zur Familie der Weidengewächse (*Salicaceae*). Die schnellwüchsigen Pappeln sind anspruchslos, bevorzugen feuchten, tiefgründigen Boden und wachsen daher an Flussufern und in feuchten Wäldern. Ihr verzweigtes Wurzelwerk trägt stark zur Befestigung des Bodens bei. Häufig werden Pappeln zur Gewinnung von Holz, Papier und Energie angebaut, denn schon nach 30 bis 50 Jahren sind sie ausgereift. Da sie sich auch in freier Natur kreuzen, haben sie eine große Zahl von Hybriden hervorgebracht.

Silberpappel

Die Silberpappel (*Populus alba*) kommt vor allem im südlichen und östlichen Mitteleuropa vor. Der Baum kann 400 Jahre alt werden, erreicht eine Höhe von 30 Metern und bildet eine stattliche, oft auch mehrteilige Krone aus. Die Blätter sind unregelmäßig drei- bis fünflappig, mit bis zu fünf Zentimeter langem Blattstiel, im Umriss dreieckig-oval bis rundlich, am Grunde gestutzt, unterseits weißfilzig bis wollig. Sie vermag Wurzelsprosse zu bilden, an denen die Blätter wesentlich größer und stärker behaart sein können als im Kronenbereich. Im Laufe des Herbstes färben sich die Blätter gelblich. Die zunächst glatte Rinde der Silberpappel reißt im Alter rautenförmig auf. Kätzchen beiderlei Geschlechts sind gelblich-grün, anfangs mit rötlichen Staubbeuteln versehen, die Kätzchenschuppen sind zottig bewimpert.

Durch ihr besonders reichliches Wurzelwerk eignet sich die Silberpappel noch mehr als ihre Artverwandten zur Bodenbefestigung, vor allem zur Dünenbefestigung.

Schwarzpappel

Die Schwarzpappel (*Populus nigra*) ist in ihrem Bestand in Deutschland gefährdet. Sie bevorzugt Standorte in Ufernähe. Die allerorten betriebenen Flussregulierungen haben ihre Lebensräume stark eingeschränkt. Durch Bastardisierung ist die Zahl der genetisch eindeutig erkennbaren Schwarzpappeln zusätzlich zurückgegangen.

Schwarzpappeln wachsen zu 30 Meter hohen Bäumen mit breiter, lockerer Krone heran. Alte Stämme neigen zur Knollenbildung. Ihre Blätter sind dreieckig,

Blätter der Schwarzpappel

dabei ei- bis rautenförmig, lang und zugespitzt. Die männlichen, bis acht Zentimeter langen, hängenden Kätzchen werden rötlich-purpurn, die weiblichen Kätzchen gelbgrün, bis zehn Zentimeter lang. Ihre Borke ist grau und tief längsfurchig, die gelbbraun glänzenden Zweige sind knotig und mit vielen erhabenen Lentizellen versehen, den auch Korkwarzen genannten Spaltöffnungen der Borke, die dem Gasaustausch dienen.

Übrigens wurde die Schwarzpappel schon im Altertum medizinisch genutzt. Die alten Griechen bereiteten aus ihren Knospen eine entzündungshemmende Salbe. Auch heute noch werden solche Salben als schmerzstillender Wundbalsam eingesetzt. Das Holz der Schwarzpappel gilt als das wertvollste aller Pappelarten.

Eine Sonderform der Schwarzpappel ist die Pyramidenpappel (*Populus nigra 'Italica'*). Sie wurde im 18. Jahrhundert in der Lombardei gefunden und zeichnet sich durch ein auffälliges Erscheinungsbild mit säulenförmiger Krone und zahlreichen nach oben durchgehenden Ästen aus. In Oberitalien hat sie sich vor langer Zeit aus Schwarzpappeln durch Mutation entwickelt. Es gibt aber auch Hinweise, dass sie schon vorher in Persien existierte und sich dort sogar geschlechtlich vermehrte. Unsere heutige Pyramidenpappel ist ein männlicher Klon mit hängenden Blütenkätzchen. Sie wird für die Pflanzung ungeschlechtlich vermehrt. Durch ihre schmale Wuchsform eignet sich die Pyramidenpappel besonders gut als Alleebaum. Leider werden ihre hohen Äste im Alter brüchig.

Blüte der Schwarzpappel

Schwarzpappel in Pyramidenform

Zitterpappel

Die auch als Espe bezeichnete Zitterpappel (*Populus tremula*) kommt in Mitteleuropa vom Flachland bis zu den Alpen bis 1.800 Metern Höhe vor. Es ist ein breitkroniger Baum mit geradem Stamm, der 30 Meter hoch, aber nur 100 Jahre alt wird. Ihre mittelgroßen Blätter an Blattstielen sind nahezu rund mit kurzer angedeuteter Spitze, oberseits mattgrün, unterseits heller. Im Herbst färben sie sich bleichgrün und dann gelblich um. Die Rinde ist anfangs glatt und gelbbraun, später längsrissig und schwärzlich. Männliche und weibliche Blüten bilden bis zu zehn Zentimeter lange, hängende grauzottige Kätzchen. Durch die Länge der Blattstiele und die seitliche Abflachung der Blätter werden diese schon bei geringsten Luftbewegungen in Bewegung ge-

setzt – daher die Bemerkung „wie Espenlaub zittern".

Balsampappel

Die Balsampappel (*Populus balsamifera*) stammt aus dem nordwestlichen Amerika. Der bis 30 Meter hohe und in der kegel- bis eiförmigen Krone bis 10 Meter breite Baum mit durchgehendem Stamm ist in der Jugend sehr schnellwüchsig. Seine Krone wird im Alter unregelmäßig und locker. Die länglichen Blätter der Balsampappel breit eiförmig, zugespitzt, gesägt und fein bewimpert, oberseits dunkelgrün und kahl, unterseits leicht behaart. Knospen und Blüten duften stark. Ein Bestand an Balsampappeln befindet sich an der Autobahnausfahrt Meckenheim.

Als Baumdenkmäler sind die nachfolgenden Pappeln in Bonn aufgeführt:

- Über 50 bis 80jährige, 20 bis 25 Meter hohe Pappeln mit einem Stammumfang von vier Metern an den Ost-, Süd- und Westrändern der Siedlung Tannenbusch.

- Ein Schwarzpappelensemble am nördlichen Rand des Kessenicher Friedhofs.

- Im Baumbestand des Broichhofes im Rodderberg befinden sich auch bis zu 100 Jahre alte Pappeln.

- Zwei weit über 100jährige Pyramidenpappeln stehen in Mehlem auf dem Grundstück *Auf dem Cäcilienheidchen*.

Zitterpappel

HEIMISCHE LAUBBÄUME

Pfaffenhütchen

Pfaffenhütchen in Merler Privatgarten

Das Pfaffenhütchen (*Euonymus europaeus*) aus der Familie der Spindelbaumgewächse (*Celastraceae*) ist von aufrecht strauchförmigem Wuchs, wird als kleiner Baum aber sechs bis acht Meter hoch. Die auch als Gewöhnlicher Spindelstrauch bezeichnete Pflanze hat ihren volkstümlichen Namen nach ihrer Kapselfrucht, die in Form und Farbe der Kopfbedeckung katholischer Geistlicher ähnelt. Die Samen sind eine beliebte Winternahrung von Vögeln, besonders von Rotkehlchen, weshalb das Pfaffenhütchen auch die Bezeichnung „Rotkehlchenbrot" erhalten hat. Für den Menschen sind allerdings alle Pflanzenteile des Pfaffenhütchens giftig, vor allem Früchte und Samen.

Das Pfaffenhütchen ist über die gemäßigten Breiten Europas bis zum Kaukasus mit Schwerpunkt in Mitteleuropa anzutreffen. Es steht auch im Bonner Raum an Waldrändern und Wegen, Hecken und Abhängen, in Ufergebüschen und Auenwäldern gern auf feuchten, kalkhaltigen Lehmböden.

Die Rinde des reich verzweigten Pfaffenhütchens ist graubraun, junge Triebe sind grün. Die Zweige sind vierkantig und weisen oft Korkleisten auf. Die kurzgestielten, gegenständig angeordneten, eiförmig lanzettlichen Blätter sind bis acht Zentimeter lang und am Rand fein gesägt. Sie verfärben sich im Herbst prächtig orange bis scharlachrot. Die zwittrigen, unscheinbar hellgrünen Blüten treten im Mai und Juni mit vier schmalen Kronenblättern in achselständigen Scheindolden auf. Ab August reifen die kardinalroten Kapselfrüchte. Es sind Steinfrüchte, deren Samen mit orangefarbenem Fruchtfleisch umgeben sind. Die Kapseln springen in der Reife auf, wobei die Samen zunächst aber in der Kapsel verbleiben.

Nach dem Laubaustrieb werden die Pflanzen oft von Gespinstmotten heimgesucht. Die Raupen veranstalten jeweils unter einem großen Netz praktisch „Blatt-Kahlschlag". Die Blätter treiben danach erneut aus.

Das Holz des Pfaffenhütchens ist hart und dauerhaft. Es eignet sich bestens zur Herstellung von Garnspindeln, daher resultiert auch der Name „Spindelstrauch". Auch Stricknadeln und Schusternägel wurden früher aus dem stabilen Holz angefertigt. Die eigentliche Bedeutung des Pfaffenhütchens liegt heute aber in seinem Wert als Flurgehölz, das mit seinem dichten Wurzelwerk Erosionsschutz bietet und Uferböschungen befestigen kann.

Frucht des Pfaffenhütchens

QUITTE

Quittenbaum

Wie die meisten anderen Kernobstarten der Rosaceae-Familie auch, zählt die sommergrüne Quitte (*Cydonia oblonga*) zu den Kernobstgewächsen, unter denen sie die einzige Pflanzenart innerhalb der Gattung *Cydonia* bildet. Die Quitte ist ursprünglich in Westasien zwischen Kaukasus und dem Iran beheimatet. Ihren botanischen Namen verdankt sie der griechischen Stadt Kydonia auf Kreta. Wahrscheinlich wurde sie von den Römern nach Süd- und Mitteleuropa gebracht. Bei ihnen galt die Quitte als Symbol der Liebe und der Fruchtbarkeit – der Apfel der Venus war eine Quitte! Seit der Römerzeit wird die Quitte auch nördlich der Alpen in den wärmeren, wintermilden Regionen als Obstholz kultiviert.

Die natürliche Wuchsform der Quitte ist strauchig, Baumformen mit gut acht Metern Höhe sind auf Stämmen veredelt. Die randglatten mittelgroßen Blätter sind unterseits dicht filzig behaart, oberseits stumpfgrün. Die fünfzähligen Blüten sind weiß bis rosa und befinden sich einzeln am Baum. Die apfel- bis birnenförmigen Früchte werden etwa zwölf Zentimeter groß, weisen laubblattartige Kelchblätter auf, duften angenehm und sind mit einem leichten, weißlich-grauen Filz bedeckt. Im Oktober zur Reifezeit werden sie goldgelb, ihr Fruchtfleisch ist hart, mit zahlreichen körnigen Einschlüssen. Die Früchte sind jedoch nur gekocht essbar. Als Quittenmarmelade, Quittengelee und Quittenbrot gehörte die vielseitig verarbeitete Frucht die Speisekammer unserer Großmütter! In Gelsdorf bei Meckenheim werden alljährlich am „Tag der offenen Höfe" (vorletztes Oktober-Wochenende) Quittenprodukte von fest bis flüssig angeboten.

Im Erwerbsobstbau werden im Meckenheimer Raum auch einige wenige Quittenplantagen betrieben. Ansonsten ist die Quitte eher ein Gartenbaum, der durch seine Blütenpracht, seine attraktiven Früchte und sein farbenfrohes Herbstlaub eine Zierde darstellt. Die Quittenfrüchte enthalten Wein- und Apfelsäure, Zucker, Gerbstoffe, Calcium, Kalium und Phosphor, viel Vitamin A und reichlich Pektin als ausgezeichnetes Geliermittel. Sie werden auch heute zu Gelee, Mus und Kompott, Getränken und Konfekt verarbeitet. Übrigens leitet sich der Begriff „Marmelade" vom persischen Wort *marmelo* für die Quitte ab.

Blüten des Quittenbaumes

ROSSKASTANIE

Rosskastanienallee zum Schloss Bornheim

Die heimische Kastanie (*Aesculus hippocastanum*) ist eine von dreizehn beliebten Ziergehölzen aus der Gattung der Rosskastanien, die in verschiedenen Verbreitungsgebieten in der nördlichen Hemisphäre wachsen. Sie wird meist auch als Rosskastanie bezeichnet. Ursprünglich war sie in den Balkanländern beheimatet, kam in der zweiten Hälfte des 16. Jahrhunderts aus Konstantinopel und ist mittlerweile in ganz Mittel- und Westeuropa verbreitet. Sie ist nicht mit der Esskastanie verwandt, lediglich die optische Ähnlichkeit der Früchte hat die Namensgleichheit herbeigeführt. Jedenfalls war es im Osmanischen Reich üblich, Kastanien an Pferde zu verfüttern, so dass die Namensgebung hierauf zurückzuführen sein kann.

Die sommergrüne Rosskastanie ist ein bis zu 25 Meter hoher Baum mit einem weit in die Krone reichenden geraden Stamm, der als Einzelbaum in Gehöften, auf Dorfplätzen oder auch als Alleebaum seine ganze Pracht entfaltet. Fünf bis sieben bis zu 25 Zentimeter lange und zehn Zentimeter breite Fiederblätter sitzen auf einem zehn bis zwanzig Zentimeter langen Blattstiel. Sie sind oberseits dunkelgrün, unterseits etwas heller. Ihr Herbstlaub ist goldgelb bis braungelb. Ihre zahlreichen Blüten stehen im April/Mai in aufrechten, rispenartigen Blütenständen, die bis zu 30 Zentimeter hoch sind. Die Einzelblüten können zwittrig oder männlich sein, wobei sich die männlichen vor allem an der Spitze des Blütenstandes befinden. Sie sind hellgelb, später mit einem orangeroten beziehungsweise tiefroten Saftmahl versehen. Die Früchte entwickeln sich in fünf bis sie-

weiter S.126

Rosskastanien der Poppelsdorfer Allee

HEIMISCHE LAUBBÄUME

Zwei denkmalgeschützte Rosskastanien
auf dem Stephansberg in Meckenheim

Kastanienholz wird als Blind-, Schnitzer- und Drechslerholz verwendet. Kastanienprodukte werden in der Medizin eingesetzt, so gegen Venenschwäche, Durchblutungsstörungen und als Bestandteil von Sonnenschutzmitteln.

ben Zentimeter großen, kugeligen, grünen Stachelkapseln mit ein bis drei rundlich abgeflachten, glänzend rötlich-braunen Samen. Diese als „Kastanien" bezeichneten Samen reifen im September, sind ungenießbar und leicht giftig.

Die weiß blühende Rosskastanie ist anfällig gegen den Befall der Rosskastanien-Miniermotte (*Cameraria ohridella*), die ihr großen Schaden zufügen kann.

Eine Besonderheit stellt die Fleischrote Rosskastanie oder Rotblühende Rosskastanie (*Aesculus x carnea*, Synonym: *Aesculus x rubicunda*) dar. Sie wird gern in Parks gepflanzt. Es handelt sich dabei um eine Hybride zwischen der Gemeinen Rosskastanie und der nordamerikanischen Roten Rosskastanie (*Aesculus pavia*), die erstmals 1818 als fruchtbare Hybride erkannt wurde. Sie bildet keimfä-

hige Samen aus. Die Fleischrote Rosskastanie erreicht eine Höhe von bis zu 22 Metern und kann einen Stammdurchmesser von 60 Zentimetern erreichen. Allerdings ist sie relativ schwachwüchsig und kurzlebig. Als Parkbaum wird sie deshalb meistens hochstämmig auf die Gemeine Rosskastanie veredelt.

Eine ganze Reihe von Rosskastanien stehen im Bonner Raum als Baumdenkmäler unter Schutz. Die meisten sind zwischen 70 und 100 Jahre alt, es gibt aber auch ältere:

■ Verschiedene weißblühende Kastanien stehen im Gelände der Bonner Universitätsklinik, dazu eine Rotblühende Kastanie.

■ Ein weißblühendes Exemplar mit über drei Meter Stammum-

Die Miniermotte

Da die Rosskastanie wegen ihres geringwertigen Nutzholzes nur von geringer forstwirtschaftlicher Bedeutung ist, wurden ihre Schädlinge auch nur wenig untersucht. Doch seit dem Auftreten der Miniermotte ist die weißblühende Kastanie in Gartencentern kaum mehr zu verkaufen.

Die Miniermotte (*Cameraria ohridella*) wurde in Deutschland erstmals 1939 entdeckt. Die Art stammt ursprünglich aus Asien und kann sich in Europa mangels Fressfeinden schnell vermehren. Sie gehört zu den „minierenden"

Insekten. Ihre Raupen fressen als so genannte Minen geschützt vor Feinden im Inneren des Blattes. Mit dem Blütenaustrieb der weißblühenden Kastanie schlüpfen die ersten Falter aus den Puppen, die im Falllaub des vergangenen Jahres überwintert haben. Die Weibchen legen etwa 30 Eier auf die Blattoberflächen, aus denen nach zwei Wochen die Raupen schlüpfen. Diese bohren sich in das Blattgewebe ein und minieren es. Dabei fressen sie sich auch durch die Leitungsbahnen im Blatt und schneiden ihnen damit die Wasser- und Nährstoffzufuhr ab. Das Blatt

fang auf dem Grundstück Bonner Talweg / Königstraße.

- Im Park der Redoute steht ein 100 Jahre altes Exemplar der Zuchtform Schlitzblättrige Rosskastanie.

- Eine 150jährige Rosskastanie steht in Bad Godesberg in der Kaiserstraße.

- Zwei prächtige Rosskastanien dominieren den kleinen Park an der Kapelle auf dem Stephansberg in Meckenheim, wo sie vor 120 Jahren gepflanzt wurden und sich Zeit ihres Lebens frei entfalten konnten - sie geben eindrucksvolle Beispiele ihrer Art ab.

Rosskastanien haben sich auch als Alleebäume etabliert. Reste einer Halballee stehen von Röttgen aus nach Ückesdorf, beginnend an der Abzweigung ins Katzenlochbachtal. Eine weitere jüngere Allee beginnt in Bonn-Röttgen vor der Andreas-Hermes-Akademie und führt als symbolisch angepflanzte Parforceallee zum städtischen Wald Richtung Tongrube.

In den Wäldern nicht nur des Bonner Umlandes werden Rosskastanien gelegentlich als Futterbäume für das Rot- und Schwarzwild angepflanzt.

verliert Chlorophyll und vertrocknet. Bei starkem Befall sehen geschädigte Kastanien schon am Sommerende aus als ob Winter sei.

Nach drei Wochen Blattfraß verpuppen sich die Raupen, und nach kurzer Zeit schlüpft der Falter. Dieser Zyklus wiederholt sich drei- bis viermal im Jahr. Die letzten Puppen überwintern im abgefallenen Laub und schlüpfen im nächsten Frühling.

Durch seine Tarnfarbe ist der Falter am Stamm der Kastanien kaum zu erkennen. Er ist etwa fünf Millimeter lang und besitzt eine Vorderflügellänge von ca. 3,5 Millimetern. Lange schwarzweiß geringelte Fühler sowie drei weiße Querbänder auf den Vorderflügeln sind sein Erkennungsmerkmal. Auffällig ist das federartige Ende der Hinterflügel.

Miniermotte

STECHPALME

Stechpalme *(ilex)*

Die Gemeine Stechpalme (*Ilex aquifolium*) scheint so gar nicht in unsere sommergrünen Wälder zu passen. Sie ist auch der einzige in Mitteleuropa anzutreffende Vertreter der 400 Arten zählenden Familie der Stechpalmengewächse. Eine der bekanntesten außereuropäischen Arten ist *Ilex paraguayensis*, jene südamerikanische Stechpalme, aus der der Matetee gewonnen wird. Die heimische Stechpalme erreicht im Westen Deutschlands die Ostgrenze ihrer Verbreitung. Die Bezeichnung als „Palme" rührt von ihrer Verwendung nach christlicher Tradition in Erinnerung an den Einzug Jesu in Jerusalem am Palmsonntag her - in Ermangelung echter Palmen in weiten Teilen der christlichen Welt wurden Stechpalmenzweige als „Palm" geweiht.

Die Stechpalme ist leicht an ihren immergrünen, oberseits glänzenden dunkelgrünen Blättern zu erkennen. Sie kann sowohl strauchartig erscheinen oder als Baum auswachsen und an die 15 Meter hoch werden. Im unteren Bereich der Büsche bis zu zwei Metern Höhe sind die Blattränder dornig gezähnt, darüber hinaus sind sie glattrandig. Im rheinisch-atlantischen Klimabereich tritt die Stechpalme in Buchen-, Eichen- sowie Mischwäldern und in lichten Kiefernwäldern recht häufig auf. Dabei bevorzugt sie kalkfreie, gleichwohl nährstoffreiche, lockere und eher sandig bis steinige Lehmböden und gedeiht am besten im Halbschatten.

Als zweihäusige Bäume tragen nur die weiblichen Exemplare der Stechpalme von Mai bis Juni unscheinbare, weiße Blüten. Von November bis Dezember entste-

Stechpalme im solitären Wuchs

Früchte der Stechpalme

HEIMISCHE LAUBBÄUME

hen daraus grüne, erbsengroße Früchte, die sich bis Dezember in glänzendes Rot verwandeln. Die attraktiven Früchte sind aber für den Menschen giftig! Vögel nehmen sie im Winter als Nahrung auf, bis der Busch kahl ist. Damit sind sie zugleich Verbreiter der Samen.

In der industriellen Verarbeitung wird das sehr harte, schwer spaltbare Holz, das sehr leicht Politur annimmt, vor allem zu Drechslerarbeiten, Werkzeugstielen und Spazierstöcken verarbeitet – Goethes Spazierstock ist aus Stechpalmenholz und steht noch im Goethe-Haus in Weimar. In der Medizin werden die Stechpalmenblätter verwendet. Gärtner haben sich der Gattung *Ilex* besonders angenommen und für vielfältigen Gebrauch weitergezüchtet. Die Stechpalme wird außer für Gärten auch als Vogelschutzgehölz gepflanzt. Für den Waldbesucher bietet sie vor allem im Winter mit den roten Früchten immer wieder einen schönen Anblick wie gleichermaßen als Zimmerschmuck in der Weihnachtszeit. Wilde Bestände der Stechpalme stehen in Deutschland übrigens unter Naturschutz! In Bonn gibt es einige Stechpalmen, die sogar unter Naturdenkmalschutz stehen, so:

■ eine 60jährige, strauchige Stechpalme im Garten des Hauses Adenauerstraße 120-122,

■ ein 150jähriger, sechzehn Meter hoher Ilex-Baum im Godesberger Rigal'schen Park,

■ sowie einzelne Stechpalmen im Hutewald des Kottenforstes gegenüber dem Forsthaus Schönwaldhaus in Villiprott.

Blätter und Früchte der Stechpalme

TRAUBENKIRSCHE

Traubenkirsche an der Steinbachtalsperre

Die durch ihre Blüten sehr auffällige Traubenkirsche (*Prunus padus*) zählt zu den Steinobstgewächsen aus der Familie der Rosengewächse (*Rosaceae*). Die Blüten erscheinen in Fruchttrauben, woher sich auch der Name dieser Baumart ableitet.

Das Verbreitungsgebiet der Traubenkirsche erstreckt sich über das mittlere und nördlichere Europa, Nordasien und Japan. Sie bevorzugt gut bewässerte Böden, weshalb sie oft an Gräben, Fluss- und Bachufern auftritt. So ist sie auch im Bonner Raum häufig an Straßen- Wald- und Bachrändern nicht zu übersehen. Neben der Baumform mit Größen an die 20 Meter tritt die Traubenkirsche in höheren Gebirgslagen gelegentlich in Strauchform auf, sie wird dann kaum höher als drei Meter. Typisch ist die im Laufe des Wachstums tief ansetzende, säulenförmige Krone dieser Baumart. Der Stamm zeigt eine schwarzgraue, glatte Rinde, die erst im Alter rissig wird. In der Krone verzweigen sich die auch überhängenden Äste locker. Die gestielten, länglichen Blätter sind vorn zugespitzt, oberseits dunkelgrün, unterseits ins Bläuliche übergehend. Am oberen Blattstielende befinden sich kaum sichtbare Nektardrüsen.

Die zwittrigen Blüten der Traubenkirsche, die im Frühjahr kurz nach der Belaubung auftreten, bilden am Ende von Kurztrieben vielblütige, zunächst aufrechte, später hängende Trauben. Die intensiv duftenden weißen Einzelblüten weisen fünf Millimeter große Kronblätter auf. An den Traubenstielen bilden sich ab Juli bis in den August schwarz-rote, erbsengroße kugelige Steinfrüchte von bittersüßem Geschmack. Giftig sind nur die im Fruchtkern enthaltenen Samen.

Die so üppig blühende Traubenkirsche ist auch Ziel der Bemühungen der Pflanzenzucht – so entstanden verschiedene Gartenformen mit gelblichen oder gefüllten Blüten.

Als weitere Traubenkirschenart tritt in Europa inzwischen die Spätblühende Traubenkirsche (*Prunus serotina*) auf. Sie stammt aus Nordamerika, wurde hier angepflanzt und verwilderte. Ihre Blätter sind ledrig. Sie bevorzugt im Gegensatz zur heimischen Traubenkirsche eher trockenere lehmige Standorte und arme Böden. Aus dem schnellwüchsigen Bodenschutzgehölz wurde aber schon bald ein Kulturhindernis, das sich oftmals nicht mehr beseitigen lässt.

In der Blütezeit kann man Traubenkirschen beispielsweise am Jägerhäuschen-Parkplatz an der Landstraße von Meckenheim nach Röttgen sehen. Sie stehen hier unübersehbar am Graben des Parkplatzes, der vor der Autobahn BAB565 liegt.

ULMEN

Ulme im „Herbstkleid"

Ulmen, auch Rüster genannt, bilden eine 30 sommergrüne Arten umfassende Gattung in der Familie der Ulmengewächse (*Ulmaceae*). Ulmen sind erdgeschichtlich alte Gewächse und seit dem Erdzeitalter des Tertiär fossil nachgewiesen, so im Untergrund der Niederrheinischen Bucht. Heute wachsen sie in den gemäßigten Breiten der Nordhalbkugel, in Mitteleuropa sind es die Bergulme, die Feldulme und die Flatterulme. Sie lassen sich leicht an ihren zickzackförmigen Zweigen und der schiefen Blattbasis erkennen.

Vor allem die Bergulme stellte in der Epoche der Nacheiszeit eine wichtige Baumart der neu entstandenen Mischwälder dar, wurde aber später von anderen Baumarten weitgehend verdrängt.

Seit einigen Jahrzehnten sind manche der Ulmenarten einer großen Gefährdung ausgesetzt, obwohl es Anzeichen gibt, dass schon im Atlantikum, dem bisher wärmsten Abschnitt der Nacheiszeit vor etwa 8.000 Jahren, ein Ulmensterben einsetzte. Das aktuelle Ulmensterben wird durch den Ulmensplintkäfer (*Scolytus scolytus*) verursacht, der seit den 20er Jahren des vorigen Jahrhunderts eine über Holland aus Ostasien eingeschleppte Pilzerkrankung (= *Dutch Elm Disease*) überträgt. Die Pilze verstopfen die Wasserleitbahnen im Frühholz, wodurch der Wasserfluss unterbunden wird, so dass der Baum stirbt. Im Flachland führte dies regional zum kompletten Aussterben der Ulmen, oberhalb von 700 Metern Höhe aber nur zu einzelnen Ausfällen.

Begehrt ist das Holz der Ulmen. Es ist hart, fest und dekorativ gemasert. Vor allem das blassbraune

Blätter der Feldulme

Kernholz der Bergulme ist schön gezeichnet – es wird oft einfach als Rüster bezeichnet.

Bergulme

Die Bergulme (*Ulmus glabra*) ist in fast ganz Europa im bergigen Gelände bis in Höhen über 1.450 Meter anzutreffen. Dort wächst sie in sonnigen bis halbschattigen Schlucht- und Hangwäldern auf nährstoffreichen, frischen bis feuchten, tiefgründigen durchlässigen Böden. Sie bildet eine weit ausladende Krone. Der Stamm reicht weit hinauf. Die asymmetrischen großen, breit ovalen Blätter sind oft dreispitzig, ihre Herbstfärbung ist gelb. Die Blüte erscheint im März/April vor dem Austrieb. Bei ihren Flügelfrüchten liegt das oft länger grün bleibende Nüsschen in der Mitte des Flügels. Mit dem tief wurzelnden Pfahl-/Herzwurzel-System werden auch dichte Böden erschlossen. Das Falllaub wirkt Boden verbessernd. Bergulmen werden 400 Jahre alt.

Als *Ulmus glabra ,Horizontalis'* gibt es die Bergulme als Zuchtform einer Hänge-Ulme. Dieser eher langsam wüchsige Baum bleibt klein und entwickelt eine kuppelartige Krone, die durch die stark herabhängenden, dicht verzweigten, weitbogig ausgebreiteten Äste entsteht.

Feldulme

Die Feldulme (*Ulmus minor*) wächst in Westasien und fast ganz Europa, außer Skandinavien in milden ebenen Lagen. Hier steht sie vereinzelt in Mischwäldern, an Waldrändern und in Flussniederungen. Die Feldulme ist ein anspruchsloser Baum, der auch Halbschatten verträgt. Vom Stamm ragen die Äste steil auf, die sich in einer Vielzahl von Seitenästen verlieren. Die Knospen sind dunkelbraun, glänzend und etwas behaart. Die wechselständigen dunkelgrünen Blätter haben eine elliptische Form mit ausgezogener Spitze und sind doppelt gesägt. Der schnell wachsende Baum erreicht 35 Meter Höhe, wird bis zu 400 Jahre alt und bildet Wurzelbrut. Feldulmen treiben aber auch Stockausschläge. Das Falllaub ist leicht zersetzlich und fördert die Humusbildung.

Die Feldulme ist Bestandteil der Hartholz-Auenwälder, von Feldgehölzen und von Mischwäldern mit hohem Eichenanteil. Gepflanzt wird sie auch als Allee- und Parkbaum, in der Ebene und im Hügelland.

Mit der Bergulme bildet die Feldulme Hybriden, die als Holländische Ulme (*Ulmus x hollandica*) bekannt sind. Feldulmen werden besonders vom Ulmensplintkäfer heimgesucht, der sie mit dem Pilz *Ophiostoma ulmi* zum Absterben bringt.

Flatterulme

Die Flatterulme (*Ulmus laevis*) kommt in Westasien, Süd-, Mittel- und Osteuropa als Tieflandbaum auf feuchten, durchlässigen Böden in Mischwäldern und in Flussniederungen vor. Es ist ein stattlicher, bis 30 Meter hoher Baum mit breiter, lockerer Krone, der gerne zusammen mit Eschen und Erlen

Korkleisten der Feldulme

auftritt. Die Blüten erscheinen vor dem Blattaustrieb an langem Stiel und flattern im Wind. Es bilden sich runde Flügelfrüchte.

Die Flatterulme wird 25 bis 30 Meter hoch. Sie bildet im Alter brettartige, so genannte Stützwurzeln aus, wie dies in ähnlicher Form bei Tropenbäumen der Fall ist. Diese Wurzeln stellen eine Anpassung auf die besonderen Bodenverhältnisse ihrer Standorte dar. Diese speziellen Wurzeln sind bei einheimischen Baumarten sel-

ten. Übrigens wird die Flatterulme weniger stark vom Ulmensterben betroffen. Ihr natürliches Höchstalter liegt bei 400 Jahren.

Die Flatterulme ist ein Baum des Tieflandes. Sie findet im Hügelland, der so genannten collinen subkontinentalen Hügellandstufe, beste Wuchsbedingungen vor. Winter- und frosthart übersteht sie regelmäßige Hochwässer im Auenwald. Als Mischbaumart ist sie fester Bestandteil des Eichen-Ulmenwaldes und auch der Esche-Ulmen-Waldgesellschaft. Tiefgründige und nährstoffreiche Böden – Lehm wie Ton – erschließt sie optimal. Ihr deutscher Name rührt von dem flattrigen, lockeren zahlreichen Blütenflor her. Sie blüht aber erst etwa zwei Wochen nach den beiden anderen Ulmenarten. Als Park- und Alleebaum tritt sie auch im Rheinland auf.

Blätter der Flatterulme

In Bonn steht eine ganze Reihe von Ulmen unter Denkmalschutz:

■ Eine große, 80jährige Feldulme im Garten der Burg Endenich.

■ Eine ebenfalls 80jährige Feldulme im Garten der Burg Dransdorf, die 20 Meter hoch ist.

■ Eine 25 Meter hohe, mehr als 100 Jahre alte Feldulme mit über drei Meter Stammdurchmesser am Fußweg zwischen Hausdorff- und Nikolausstraße.

■ Eine 80jährige Feldulme auf dem Klinikgelände Venusberg.

■ Zehn mehr als 160jährige, bis zu 25 Meter hohe Feldulmen mit Stammdurchmessern bis zu fünf Metern am Wegesrand zwischen Kaiser-Karl-Platz und Jahnplatz.

Blüten der Feldulme

Im Rhein-Sieg-Kreis gibt es darüber hinaus einige weitere interessante Ulmen, so zum Beispiel eine über 200jährige Flatterulme an der Werkstatt der Försterei Siebengebirge bei Ittenbach, eine etwa 35 Meter hohe Feldulme in der Swistaue von Meckenheim in der Parkfläche gegenüber der Schützenhalle sowie nicht zuletzt eine Ulmenallee am Ortseingang von Rheinbach.

Blätter der Goldulme

HEIMISCHE LAUBBÄUME

WALNUSS

Noch unreife Nussfrüchte

Die Gattung der Walnussbäume (*Juglans*) umfasst 15 Arten, von denen zwei in Deutschland heimisch sind, die Echte Walnuss (*Juglans regia*) und die Schwarznuss (*Juglans nigra*) aus der Familie der Nussbaumgewächse (*Juglandaceae*). Ihr Gattungsname *Juglans* leitet sich von der römischen Bezeichnung *jovis glans* (= Jupiter Eichel) ab.

Walnussbäume sind erdgeschichtlich alte Bäume, die schon aus dem Erdzeitalter des Tertiär bekannt sind. Die Eiszeit überstanden sie im Vorderen Orient, wo sie bereits kultiviert wurden. Nach Mitteleuropa wurde die Walnuss von den Römern mitgebracht. Hier kann sie über 600 Jahre alt werden - soweit sie nicht der Hallimasch (*Armillaria mellea*) befällt und langsam absterben lässt. Dieser Pilz kann bis in die äußersten Astspitzen wachsen.

Walnuss

Die sommergrüne, bis etwa 30 Meter hohe, in der Jugend besonders frostempfindliche, Wärme bedürftige Walnuss bevorzugt geschützte Standorte auf nährstoffreichen, tiefgründigen Böden, in die sie tief reichende Pfahl-Herzwurzeln treibt. Der Stamm trägt eine glatte asch- bis schwarzgraue, im Alter tieffrissige Borke.

Häufig sind Walnüsse in Weinbaugebieten anzutreffen, wo sie als Obstbaum gezielt angepflanzt werden. Mit ihrer ausladenden Krone eignen sie sich vorzüglich als solitäre Parkbäume, allerdings treiben sie das Blattwerk spät aus und verlieren es frühzeitig im Herbst. Die Blätter der Walnuss sind unpaarig gefiedert, können

Walnussbaum im Hof der Burg Lüftelberg

HEIMISCHE LAUBBÄUME

bis zu 30 Zentimeter lang werden. Sie bestehen aus sieben bis neun Fiederblättchen, die einzeln an die 15 Zentimeter lang, länglich-oval bis breit-elliptisch sind und sich an beiden Enden verschmälern. Oberseits sind sie grün gefärbt und glänzen, unterseits befinden sich in den Achseln braune Bärte. Die Herbstfärbung ist ein mattes Braun.

Die Blüten erscheinen mit den Blättern. Bei dem einhäusigen Baum unterscheiden sich die hängenden, bis zu 15 Zentimeter langen männlichen Blüten deutlich von den nur zwei bis fünf Zentimeter langen weiblichen Blüten, die zu mehreren am Ende von Jungtrieben sitzen und je zwei Narben aufweisen.

Bei den Früchten der Walnuss handelt es sich nach botanischer Auffassung um eine Steinfrucht.

Die vier bis fünf Zentimeter großen, endständigen rundlich-ovalen Nüsse tragen eine äußere grüne Fruchtwand, die bei Reife aufplatzt und von der sich der Steinkern löst. Die wohlschmeckenden Nusskerne enthalten ein fettendes Öl, das durch die Pressung für Speise- und technische Zwecke gewonnen wird. Ein ausgewachsener Walnussbaum trägt bis zu 150 Kilogramm Nüsse pro Jahr. Für den plantagenmäßigen Anbau wurden bereits viele Sorten gezüchtet. Die Walnussernte beginnt Ende September und kann sich bis Anfang November hinziehen.

Das dunkelbraune Holz wird in der Furnier- und Möbelherstellung seit alters her geschätzt. Die unteren, teilweise in die Erde reichenden, verdickten, knollenartigen Baumteile gelten als besonders wertvoll. Als Maser- und

Schwarznuss im Stadtpark Meckenheim

Schwarznussallee an der Ahr beim Kurhaus Bad Neuenahr

Wurzelfurnier werden sie zu Gewehrschäften, Autoarmaturen und Intarsienarbeiten verwendet.

Schwarznuss

Die Schwarznuss ist ursprünglich in Nordamerika beheimatet, wird aber in Europa längst als Allee- und Zierbaum angepflanzt. Sie weist in den Wäldern am Rhein bereits beträchtliche Bestände auf. Ein Schwarznussbaum kann als Solitär zu einem majestätischen Parkbaum von bis zu 40 Metern heranwachsen. Der Stamm trägt eine dunkelbraun bis schwärzliche grobe und tiefgefurchte Borke. Seine gefiederten Blätter können bis zu 60 Zentimeter lang werden und bestehen aus fünf bis dreizehn Zentimeter langen Einzelblättern. Die männlichen Blüten sind in gelblichgrünen Kätzchen vereint, die weiblichen sind kugelig. Die gleichmäßig runde Frucht hat eine raue, dicke grüne Schale, die den Steinkern umhüllt und mit ihm abfällt. Diese Außenschale vergeht und gibt den festen, gefurchten, knochenharten Steinkern frei. Zwar ist die Nuss essbar, aber die den Samen umfassende Kernschale lässt sich kaum öffnen.

Die Schwarznuss wird hauptsächlich wegen ihres wertvollen Holzes angebaut. In sofern gleicht die Verwendungspalette der der Walnuss. Ihr Kern ist wesentlich größer, in der schwarzbraunen Färbung aber einheitlicher als der der Walnuss.

Die Schwarznuss ist eine Lichtbaumart mit ebenfalls tiefgehenden Wurzeln. Sie verlangt wärmere Standorte, tiefgründige und nährstoffreiche, feuchte Lehmböden, aber keine Staunässe.

Zwischen Walnuss und Schwarznuss sind Hybriden möglich

Reife Walnussfrüchte

Walnüsse

(*Juglans intermedia*), die wahrscheinlich als forstlich interessante Baumart künftig favorisiert werden, da sie wüchsiger als die der Elternarten sind. Die Schwarznuss wird auch als Unterlage für das Aufpfropfen von Walnusssorten verwendet.

Im Baumbestand des Broichhofes im Rodderberg stehen im lichten Bestand von Eichen, Robinien, Kastanien, Weiden und Pappeln auch 100jährige Walnussbäume unter Denkmalschutz.

Eine sehenswerte Schwarznuss-Allee befindet sich in Bad Neuenahr parallel der Ahr gegenüber dem Kurhaus. Der Rest einer Schwarznuss Allee steht am Ortsende von Adendorf in Richtung Berkum. Im Rhein-Sieg-Kreis haben bereits private Waldbesitzer Schwarznüsse gesät.

Die Kreuzbergallee ist beidseitig mit Walnussbäumen bepflanzt. In Meckenheim-Altendorf sind Walnussbäume als Obstkulturen angelegt worden und werden beerntet. In privaten Gärten, Anlagen und Parks sind immer wieder Walnuss-Einzelbäume zu sehen. Auch findet man in den Weinbergen an der Ahr immer wieder Walnussbäume als Solitäre wie beispielsweise an der Straße, die von Esch nach Dernau führt und auch im Ahrtalbereich bei Walporzheim.

Rindenbild des Walnussbaums

Blatt des Walnussbaums

WEIDEN

Silberweide an der Swist in Meckenheim

Die Baumgattung der Weiden (*Salicaceae*) umfasst über 300 sommergrüne Arten, die als Bäume, Sträucher und Zwergsträucher über die gemäßigten Breiten der Nordhemisphäre bis hin zur Arktis verbreitet sind. Es sind anspruchslose Pflanzen, die hohe Bodenfeuchtigkeit und viel Sonne lieben. Weiden sind zweihäusige Pflanzen, deren weibliche und männliche Blüten, die Kätzchen, bei den meisten Arten vor dem Blattaustrieb erscheinen. Daher sind diese Pflanzen als erste Nahrungsgrundlage für Bienen von allergrößter Bedeutung. Durch ihr flaches, dichtes Wurzelwerk eignen sie sich ideal zur Uferbefestigung. Oft treten sie als Pioniergewächse in Überschwemmungsgebieten von Fluss- und Seeufern auf. Ihr weiches Holz wird zur Herstellung von Spanplatten und zur Zellstoffgewinnung genutzt. Die Weidentriebe waren über Jahrtausende ein weit verbreitetes Flecht- und Bindematerial, mit dem man Körbe aller Art herstellen konnte. Auch Holzschuhe wurden aus dem Holz der Weiden geschnitzt. Als Heilmittel ist besonders die Salicylsäure (= Aspirin) bekannt geworden.

Silberweide

Die Silberweide (*Salix alba*) ist ein 20 bis 25 Meter hoher Baum, dessen Stamm bis in die kegelförmige Krone reicht, die im Alter eine unregelmäßige Form annimmt. Sie wächst vor allem in nährstoffreichen Schotter-, Lehm- oder Anschwemmungsböden von Bach- und Flussläufen.

Silberweiden tragen fünf bis zwölf Zentimeter lange schmale eiförmige Blätter, die am Rand scharf gesägt und auf der Unterseite seidig behaart sind. Wenn der Wind die Blätter bewegt, kann man die Silberweide schon von weitem an ihrem Silberglanz erkennen. Die Blüten erscheinen mit oder nach dem Blattaustrieb von April bis Mai. Die männlichen Blüten sind gelb, die weiblichen grün und später wollig-weiß. Ihre Staubblätter sind an der Basis dicht behaart. Die Kätzchen werden bis zu sieben Zentimeter lang und sind zylindrisch. Die Früchte erscheinen als Kapseln.

Eine der vielen Zuchtformen der Silberweide ist die attraktive Trauerweide (*Salix alba 'Tristis'*). Es ist ein ausgesprochener Garten- und Parkbaum, der als Solitärbaum an Seen eine besonders prachtvolle Erscheinung zeigt. Die Baumkrone ist unregelmäßig breit gewölbt; die langen dünnen Zweige hängen schlaff herab. Schon im zeitigen Frühjahr zeigt sich dieser Baum von einer schönen Seite, wenn sich die Rinde kurz vor dem Austrieb zitronengelb verfärbt. Ist der Austrieb erfolgt, leuchtet dass frische, helle Grün der Blätter weithin. Im Handel ist die Trauerweide häufig unter der falschen Bezeichnung *Salix babylonica* zu finden.

Im Gegensatz zu anderen Weiden, die in der Regel kaum älter als 80 alt werden, kann die Silberweide ein Alter von 200 Jahren erreichen.

weiter S.148

Trauerweide im Jahresablauf bei Klein Villip

HEIMISCHE LAUBBÄUME

Trauerweide

Heute spielt bei uns der Kopfweidenbetrieb keine wirtschaftliche Rolle mehr. Kopfweiden werden eher aus Naturschutzgründen und zum Erhalt des Landschaftsbildes jährlich geschnitten. Damit wird gleichzeitig Nist- und Schutzraum für vielerlei Tiere geschaffen wie beispielsweise für den Steinkauz; für Fledermäuse und für Insekten. Das beste Beispiel hierfür sind im Bonner Raum die *Siegauen*, wo diese Maßnahmen mit Erfolg durchgeführt werden.

Kätzchen der Salweide

Salweide

Die Salweide (*Salix caprea*) kann bis zu 13 Meter hoch werden. Ihre Blüten erscheinen von März bis in den Mai. Männliche Kätzchen können bis 2,5 Zentimeter, weibliche bis sechs Zentimeter lang werden. Die fast elliptischen Blätter der Salweide sind mattgrün. Hinsichtlich ihres Standorts ist die Salweide sehr flexibel: Von trocken bis nass, in Auen und an Bächen und Flüssen, aber ebenso an Waldrändern, auf Ödland und in Steinbrüchen ist sie zu finden. Unerwünscht keimt sie in kleinsten Fugen von Mauern und Uferbefestigungen.

Korbweide

Die Korb-Weide (*Salix viminalis*) ist eine eher strauchartige Wuchsform der Weide, die acht bis zehn Meter hoch wird, und deren extrem lange Ruten gut zur Herstellung von Flechtwaren geeignet sind. Die weite Verbreitung dieser Art liegt am Menschen, der sie wegen dieser Eignung weit über die Grenzen ihres ursprünglichen Verbreitungsgebietes hinaus kultiviert hat. Ihre Kätzchen erscheinen kurz vor den großen länglichen und unterseits behaarten Blättern, die durch einen etwas eingerollten Rand charakterisiert sind.

Kopfweide

Die Kopfweide ist keine botanisch benannte Baumart, vielmehr werden verschiedene Weidenarten, darunter die Silberweide (Salix alba) und die Korbweide (Salix viminalis) wegen ihrer Eignung als Flechtmaterial so bezeichnet. Diese Bezeichnung stammt von der Form der großen kopfartigen Wulst am Ende des Stammes, die entsteht, wenn in zwei Metern Höhe

Kopfweide beim Hof Heisterbach in Flerzheim

Trauerweidenanzucht in der Baumschule Ley

der Weidenbaum abgeschnitten wird und sich aus der Schnittfläche eine Vielzahl von neuen Trieben, den so genannten Ruten, herausschiebt. Durch ständiges, regelmäßiges Schneiden wird erreicht, dass immer wieder neue junge Ruten entstehen, die unverzweigt als Binde- und Flechtmaterial genutzt wurden. Besondere Verwendung fanden die Weidenruten nicht nur in der Korbflechterei, sondern auch zum Binden der Weinreben. Im alten Fachwerkbau wurden die Gefache mit Weidenruten über eingesetzte Eichenpfähle verflochten, dann mit einem Häcksel–Lehmgemisch verstrichen und die Wand (der Begriff leitet sich von „winden" ab) war fertig. Sollten doch einmal Ruten durchgewachsen sein, wurden sie als Zaunpfähle genutzt. Aufgrund des starken Regenerationsvermögens der Wei-

Blätter der Silberweide

den wuchsen sie meist wieder an und schlugen erneut aus. Hatte man dann statt eines Zaunes eine Reihe von Weiden wurden diese bei entsprechender Stärke dann zu Kopfweiden umfunktioniert bzw. geschnitten.

Aufgeblühte Kätzchen der Salweide

WEIẞDORN

Weißdorn in voller Blüte

Weißdorne (*Crataegus*) zählen zu den Kernobstgewächsen aus der Familie der Rosengewächse (*Rosaceae*). Es gibt 200 bis 300 Arten, die in den mittleren Breiten der Nordhalbkugel mit Schwerpunkt in Nordamerika wachsen. In Europa sind nur wenig mehr als 20 Arten heimisch. Die beiden überwiegend in Deutschland anzutreffenden Hauptarten bastardisieren untereinander und sind daher oft nur noch schwer zu unterscheiden.

Bei den beiden Hauptarten in Deutschland handelt es sich einerseits um dem Eingriffeligen Weißdorn (*Crataegus monogyna*) und andererseits um den Zweigriffeligen Weißdorn (*Crataegus laevigata*). Es gibt aber weitere Arten und viele Gartenformen, so vor allem den Rotdorn *Crataegus laevigata* mit den bekanntesten Züchtungen 'Paul´s Scarlett`, 'Punicea' und 'Punicea Flore Pleno'. Als Gartenpflanze verbreitet ist bei uns der aus Amerika stammende Hahnendorn (*Crataegus crus-galli*). Als weitere Art gibt es bei uns noch den Großkelchigen Weißdorn (*Crataegus rhipidophylla*). In vielen Bestimmungsbüchern wird wegen der vielen natürlichen Einkreuzungen, die vom Laien gar nicht mehr zu unterscheiden sind, der Weißdorn deshalb einheitlich beschrieben.

Der Weißdorn ist meist von strauchigem Wuchs, dichtastig und sparrig verzweigt. Als Baum erreicht er mit einem Hauptstamm und unregelmäßiger Krone eine Höhe von bis zu zehn Metern. Er ist häufig in Wäldern, Gebüschen und an Straßenrändern anzutreffen. Seine die ganze Pflanze überziehenden weißen, mitunter auch rot anlaufenden Blüten lassen ganze

Früchte des Eingriffeligen Weißdorns

Rotdorn, Sorte Paul's Scarlett

Mai. Die im Durchmesser 1,5 Zentimeter großen Einzelblüten bilden aufrechte Doldenrispen. Die mittelgroßen Blätter des Eingriffeligen Weißdorns sind drei bis siebenlappig tief eingeschnitten, oberseits dunkelgrün, unterseits hell und tragen in den Blattnervenwinkeln kleine Haarbüschel. Das Laub verfärbt sich im Herbst nur gelblich-braun. Beim Zweigriffeligen Weißdorn sind die Blätter drei bis fünflappig, höchstens aber bis zur Mitte der Blattspreitenhälfte eingeschnitten.

Gebüschpartien weiß erleuchten. Der Eingriffelige Weißdorn trägt in seinen Blüten nur einen Griffel, manchmal aber auch zwei, der Zweigriffelige Weißdorn trägt zwei Griffel, manchmal aber auch drei. Wie gesagt, beide Arten bilden fruchtbare Nachkommen untereinander.

Der – wie der Name schon sagt – bedornte Weißdorn blüht im

Die etwas über einen Zentimeter langen elliptischen, glänzenden, dunkel- bis scharlachroten Früchte mit zwei Kernen reifen im August. Sie schmecken säuerlich-süß und sind sehr mehlig. Im Volksmund heißen sie deswegen auch „Mehlfässchen". Man kann Kompott, Gelee oder Saft aus ihnen machen. In der Notzeit nach dem Krieg wurden Weißdornfrüchte als Mus verzehrt, dienten als Brotmehlzusatz, die Kerne als Kaffeeersatz.

Der medizinische Nutzen des Weißdorns wurde erst im 19. Jahrhundert erkannt. Die getrockneten Blüten, Blätter und Früchte werden als Tee oder alkoholischer Auszug bei Herzerkrankungen, Herz- Kreislaufschwäche, Herzklopfen, Herzstichen, Angina pectoris und Arterienverkalkung als hervorragendes Mittel angewendet. Der Auszug hat Blutdruck regulierende Eigenschaften, vermag zu hohen Blutdruck zu senken und zu niedrigen Blutdruck anzugleichen.

Weißdorn-Blüten

EIBE

Eiben im Hintergrund an der Kapelle Halberg bei Lohmar

Die Gemeine Eibe (*Taxus baccata*), auch Europäische oder Beereneibe genannt, gehört mit mehreren Arten zur Pflanzengattung der Eibengewächse (*Taxaceae*), deren botanischer Name sich vom griechischen Wort für Bogen ableitet – denn ihr Holz eignete sich besonders zur Bogenherstellung. Eiben wachsen auf der Nordhemisphäre in Amerika, Europa, Kleinasien und Nordafrika. Es handelt sich um langsam wachsende, immergrüne Sträucher bzw. kleine bis mittelgroße Bäume, die über 1.000 Jahre alt werden können. Die älteste Eibe soll in Schottland über 3.000 Jahre alt sein. Eiben haben die bei Nadelbäumen unübliche Eigenschaft, vom Stamm her wieder auszuschlagen – was man Stockausschlagvermögen nennt.

Die Eibe hat ihr ursprüngliches Verbreitungsgebiet über Europa und den Mittelmeerraum. Sie galt den Germanen wegen ihres düsteren Erscheinungsbildes und ihrer Giftigkeit als Baum des Todes wie auch der Ewigkeit und wurde zur Abwehr von bösem Zauber benutzt. Heute ist sie eine der typischen Friedhofspflanzen. Da Pferde schon nach dem Verzehr einer geringen Menge an Eibennadeln verenden, hat man sie zur Pferdekutschenzeit stark ausgegrenzt, so dass sie nur noch selten in freier Natur anzutreffen ist. Durch ihre geringen Lichtansprüche hat sie aber Rückzugsstandorte im Unterstand von Buchen-, Tannen- oder Eschenwäldern gefunden. Die Kalk liebende Pflanze wird allerdings vom Rehwild stark verbissen, für die die Triebe nicht giftig sind. Heute steht die Europäische Eibe auf der Roten Liste

Früchte der Eibe

der gefährdeten Pflanzen.

Bei uns erreicht die Eibe Höhen bis zu 20 Metern und einen Stammumfang von 4 Metern. Ihr Stamm ist oft gegabelt, die Krone dicht und kegelförmig. Die Nadeln an Langtrieben sind unterseits durch zwei undeutliche Spaltöffnungsstreifen gekennzeichnet. Sie bleiben bis zu acht Jahre am Baum. Die Blüten treten ab März/April auf, aber erst, wenn der Baum 20 bis 30 Jahre alt ist. Jede Blüte erzeugt einen kleinen Samen, der von einem lebhaft rot gefärbten Samenmantel umgeben ist – der süßlich wohlschmeckende Samenmantel ist übrigens das einzig Ungiftige an der Pflanze.

Heute ist die Eibe eine attraktive Gartenpflanze, die durch ihre Widerstandsfähigkeit und Schnittverträglichkeit auch an schattigen Standorten gedeiht. Als Hecken-

Eibe bei Haus Heisterbach, Flerzheim

pflanze ist sie vor allem in historischen Gärten angebracht, da sie zu allerlei geometrischen Figuren zugeschnitten werden kann. Besonders wirkungsvoll steht sie als dunkler Hintergrund zu hellen Blütengewächsen.

Einige Eiben sind in Bonn und Umgebung auch als Denkmäler ausgezeichnet, so zum Beispiel:

■ Vier 180jährige Eiben im Park an der Mainzer Straße.

■ Im alten Hutewald gegenüber dem Forsthaus Schönwaldhaus im Kottenforst in Villiprott befinden sich auch über 100jährige Eiben, entsprechende Exemplare auch am Jägerhäuschen.

■ In Lohmar-Schönrath steht an der Zufahrt zum Anwesen Burg Schönrath eine 260 bis 310 Jahre alte Eibe, deren Stamm sich in einer Höhe von drei Metern vierstämmig gabelt, was dem Baum solche Probleme verursacht, dass man versucht, ihn mit Spanndrähten zu stabilisieren.

Demkmalgeschützte, über 300-jährige Eibe an Burg Schönrath bei Lohmar

FICHTEN

Serbische Fichte auf dem Poppelsdorfer Friedhof

Fichten (*Picea*) sind eine etwa 40 immergrüne Arten umfassende Gattung in der Familie der Kieferngewächse (*Pinaceae*). Sie sind als typische Gebirgsbäume in den gemäßigten Regionen der Nordhalbkugel beheimatet. Sie stellen nur geringe Wärmeansprüche und wachsen gut an luftfeuchten Standorten. Als genügsame Bäume sind sie relativ bodentolerant, bevorzugen aber frische, gut durchlüftete Böden mit nachhaltiger Wasserversorgung, meiden jedoch Nässe und schwere Böden. Ihr flaches Wurzelwerk entwickelt sich tellerartig, wodurch die Bäume windwurfgefährdet sind. Die Gefahr wird noch größer, wenn Fichtenbestände zu eng gepflanzt und dann schlecht gepflegt, d.h. ungenügend durchforstet wurden. Das dichte, oberflächennahe Wurzelwerk verhindert mit der herabfallenden Nadelstreu fast gänzlich jeglichen Unterwuchs. Ihr Erscheinungsbild ist pyramidenförmig.

Erdgeschichtlich entwickelten sich die Fichten im Zeitalter des Paläozän vor etwa 60 Millionen Jahren in Nordamerika. Über die Behringstraße breiteten sie sich dann nach Asien und Europa aus. Pflanzengeografisch unterscheidet man heute nördliche und südliche Fichtenarten. Zu den nördlichen Fichtenarten zählt in Europa die Gemeine Fichte (*Picea abies*), die auch fälschlich als Rottanne bezeichnet wird, zu den südlichen die Serbische Fichte (*Picea omorika*). Übrigens: Wenn von der Fichte gesprochen wird, ist immer die Gemeine Fichte gemeint.

Gemeine Fichte

Der Name Fichte geht auf den althochdeutschen Begriff *fiotha*, bzw. den mittelhochdeutschen Begriff *fiuhta* zurück, was soviel heißt wie „Feuer machen" mit Holz als Brennmaterial. Ihre Bezeichnung als Rottanne stammt von ihrer rötlichen Rinde. Ansonsten wird sie auch als Gemeine Fichte bezeichnet. Darauf weist die botanische Bezeichnung hin, was etwa mit „tannenähnliche Fichte" übertragen werden kann.

Die Fichte ist die einzige ursprünglich in Mitteleuropa beheimatete Fichtenart, die in ganz Nord-, Mittel- und Osteuropa anzutreffen ist. Ihre optimalen Standorte liegen in Höhenlagen zwischen 500 und 1.500 Metern, im Wallis bis 2.000 Meter. Die Fichte ist eine Halbschattenbaumart, ausgesprochen frostresistent, im

Gemeine Fichte im Bürgerpark Oberkassel

Reinbestand ein starker Rohhumusbildner, aber Pionierpflanze auf Magerweiden und Waldlichtungen. Viel gescholten als „Preußenbaum" ist die Fichte der wichtigste Waldbaum Deutschlands, mit der jedoch nach Krisenzeiten unglaubliche Wiederaufforstungserfolge erzielt und kahlgeschlagene Waldflächen wieder Waldflächen wurden. Allerdings wurde dabei die Fichte auch an für sie weniger geeigneten, suboptimalen Standorten gepflanzt. Längst ist man dabei, derartige Anpflanzungen wieder umzuwandeln. Auch wird versucht, in Naturschutzgebieten die „ursprünglichen" Bewaldungsverhältnisse wieder herzustellen und Fichtenbestände durch Unterpflanzung mit Rotbuchen abzulösen. In diesem Zusammenhang bleibt aber zu erwähnen, dass die Fichte wegen ihres schnellen Wachstums schon immer der „Brotbaum" der Waldbesitzer gewesen ist. Die Fichte kann im Mischwald bis zu 600 Jahre alt werden, ihre Umtriebszeit beträgt aber nur 80 bis 120 Jahre im Reinbestandsanbau und Kahlschlagbetrieb.

Der Wuchs der Fichten-Krone ist bis ins hohe Alter regelmäßig pyramidenförmig mit spitzem Gipfel. Der Baum erreicht Höhen von maximal 60 Meter. Der Stamm geht bis zur Krone kerzengerade durch. Seine rotbraune Borke löst sich in Scheiben ab. Die waagerecht abstehenden Äste bilden abstehende oder durchhängende Zweige – als Solitär bleibt die Fichte bis zum Boden beastet. Die einzelnen kurzen, vierkantigen und spitzen Nadeln sind spiralförmig um die Äste angeordnet. Die Nadelkissen weisen einen deutlichen Höcker auf.

Gemeine Fichten auf dem Poppelsdorfer Friedhof

Die Blüten der einhäusigen Fichte erscheinen meist nur alle drei Jahre zwischen Ende April und Juni überwiegend in den oberen Kronenregionen. Die weiblichen Blüten sind purpurn, stehen aufrecht in Zapfen zusammen, die einen Zentimeter großen männlichen sind vor dem Aufblühen karminrot, reif sind sie gelb. Diese männlichen Blüten erzeugen wie andere Nadelbäume Blütenstaub in großen Mengen, der dann als so genannter „Schwefelregen" durch die Luft weht und so die weiblichen Blüten befruchtet. Die Zapfen benötigen knapp ein Jahr bis zur Samenreife und wandeln sich in dieser Zeit zu den bekannten braunen, holzigen Zapfen, die dann nach unten hängen. Sie weisen eine Länge von etwa 10 bis 15 Zentimetern und eine Breite von drei bis vier Zentimetern auf und werden ausgereift als Ganzes abgeworfen. Die nur vier bis fünf Millimeter langen Fichtensamen sind geflügelt.

Das weiche, mittelschwere Holz der Fichte ist weißlich ohne Farbkern. Vielseitig verwendbar wird es als Konstruktions-, Bau- und Grubenholz, für Möbel, Faser- und Sperrholz, für Zellstoff und Papier eingesetzt. Darüber hinaus wird aus den Samen Öl gepresst. Aus dem Harz wurde früher künstliches Anilin gewonnen. Junge Fichtentriebe sind reich an Vitamin C. Die bis zu 18 Prozent Gerbstoffe enthaltende Rinde wurde früher zur Herstellung von Gerberlohe verwendet. Auch wird die Fichte medizinisch genutzt, dies schon seit dem Mittelalter, so etwa zur Beseitigung von Warzen. Fichtenöl verwendet man bis heute noch bei Bronchialbeschwerden.

Die Fichte ist auch von großer ökologischer Bedeutung. In ihrer Jugend stellt sie eine bedeutende Vogelschutzpflanze dar. Knospen und Samen dienen dem Buchfink, dem Zeisig, dem Dompfaff, dem Fichtenkreuzschnabel und dem Eichhörnchen als Nahrung. Triebe und Rinde verbeißt das Rehwild. Als Bienenweide liefert die Fichte Nadelhonig (Blattlaushonig). Am interessantesten ist aber die Lebensgemeinschaft mit Pilzen. In ihrem Wurzelbereich finden sich Mykorrhiza-Pilze wie Röhrlinge, die Fichtenrotkappe, der Stachelbeer- und Wiesentäubling, Knollenblätterpilze und Röhrlinge, so vor allem der allseits geschätzte Steinpilz.

Die Fichte ist nicht nur von großer Bedeutung für die Forstwirtschaft, sondern auch für die Gartenwirtschaft. Züchtungen von Hängeformen bis zu niedrigen Zwergformen haben sie zu einem viel weiter verbreiteten Garten- und Parkbaum gemacht als gemeinhin angenommen wird.

Einige Fichten stehen im Bonner Raum unter Denkmalschutz, so:

■ Eine Gruppe 80jähriger Fichten am Godesberger Bach nahe der Wattendorfer Mühle,

■ Eine 18-armige Kandelaberfichte, 70 Jahre alt mit zwei Metern Stammumfang im Kottenforst am Verbindungsweg zwischen Forsthaus Venne und Professorenweg.

Stechfichte

Die Stechfichte (*Picea pungens*) entstammt den amerikanischen Rocky Mountains. Seit Mitte des 19. Jahrhunderts wurde sie forstlich auch angepflanzt. Heute ist sie einer der häufigsten Zierbäume, insbesondere wegen ihrer Blaufärbung, weshalb sie auch als Blaufichte – oder auch fälschlich als Blautanne – bezeichnet wird. Die natürliche Farbe dieses Waldbaumes ist meist ein matt glänzendes Grün, was kaum bekannt ist.

Die Stechfichte ist auch in ihrer Heimat ein mittelgroßer Baum, der dort Wuchshöhen von etwa 35 Metern erreicht, bei uns 20 Meter. Ihr Wuchs ist gleichmäßig kegelförmig. Die kräftigen viereckigen Nadeln stehen rechtwinklig vom Trieb ab und haben eine scharfe Spitze, wovon sich der Name der Stech-Fichte ableitet. Die Nadelfarbe variiert von Baum zu Baum von gelbgrün über blaugrün bis silber. Die in Mitteleuropa gepflanzten Exemplare sind meist Züchtungen mit intensiver Grau- bis Blaufärbung der Nadeln. Trotz ihrer unangenehm stechenden Nadeln wird die Blaufichte aber wegen der schönen Färbung ihrer Nadeln auch gern als Weihnachtsbaum genommen, ist sie doch auch viel haltbarer als die Gemeine Fichte. Zentrales Anbaugebiet dafür ist in Nordrhein-Westfalen das Sauerland.

Serbische Fichte

Die Serbische Fichte (*Picea omorika*) besiedelte nach der Eiszeit ursprünglich nur ein kleines abgegrenztes Gebiet auf dem Balkan, wo sie auf Kalkverwitterungsböden zwischen 700 und 1.500 Metern wächst. Der Wuchs dieses bis 40 Meter hohen Baumes ist schmal, sogar fast säulenförmig. Gerade wegen dieses Erscheinungsbildes ist die Serbische Fichte heute bei uns in Parks, auf Friedhöfen und in Gärten weit verbreitet, besonders, weil sie allein stehend bis unten beastet bleibt. Übrigens erleichtern die herabhängenden Zweige in ihrer Heimat auch größere Schneelasten zu ertragen. Diese Erkenntnis führte nach dem Zweiten Weltkrieg zu größeren forstlichen Anbauten in der Eifel.

Die zwei Zentimeter langen, leicht gekrümmten Nadeln der Serbischen Fichte sind oberseits glänzend dunkelgrün, unterseits mit zwei silbrigen Bändern versehen, bei jungen Bäumen noch scharf zugespitzt, bei älteren Bäumen eher stumpf. Mit zunehmendem Wachstum entwickelt der Baum eine orangebraune Schuppenborke.

Interessant an der Serbischen Fichte ist, dass sie nicht in Reinbeständen, sondern vergesellschaftet mit Gemeiner Fichte, Weißtanne, Schwarzkiefer, Waldkiefer, Bergahorn und Buche wächst. Als „hohe Hecke" wird sie gern in Reihen gepflanzt, zum Sichtschutz von Industrieanlagen verwendet. In Städten ist sie noch relativ unempfindlich. Das so genannte „Omorika-Sterben" deutet auf Chloreinflüsse oder „vergrabenen" Bauschutt hin.

Orientalische Fichte

Die Orientalische Fichte (*Picea orientalis*), auch Sapindus-Fichte genannt, entstammt dem Kaukasus und dem Taurus-Gebirge, wo sie in Höhen bis 2.000 Meter dichte Wälder bildet. Mitte des 19. Jahrhunderts wurde sie nach Europa als Zierbaum eingeführt und hat hier nie forstwirtschaftliche Bedeutung erlangt. Der 40 bis 50 Meter hohe Baum mit ebenmäßiger, schmal kegelförmiger Krone hat einen bis dicht zum Boden beasteten Stamm. Die Äste sind waagrecht oder aufstrebend und an der Spitze leicht aufwärts gerichtet. Die fünf bis acht Zentimeter langen Nadeln sind stumpf grün und vorn abgerundet – es sind die unter allen Fichten kürzesten Nadeln.

Das Holz der Orientalischen Fichte ist sehr harzig und das Harz quillt in Tropfen aus den Zweigen hervor. Diese Tropfen nennt man auch Sapindus-Tränen.

Die bei uns ebenfalls winterharte Orientalische Fichte wurde versuchsweise im Leuscheid nahe dem Hohen Schaden angebaut. Dabei wurde auf ihre Widerstandsfähigkeit gegen Frost, Schnee- und Eisbruch sowie gegen Trockenheit gesetzt. Ergebnisse wurden bisher noch nicht berichtet.

Eine besondere Gartenform der Orientalischen Fichte ist die Orientalische Goldfichte (*Picea orientalis 'Aurea'*). Der Reiz dieses nur bis 10 Meter hohen Baums besteht im intensiv rahm- bis leuchtend goldgelben Austrieb, der später allerdings vergrünt. Diese 1873 zuerst beschriebene Form wirkt von Mai bis Juni durch die gelben Zweige sehr attraktiv. Exemplare dieser Baumart sind

Orientalische Fichte im Botanischen Garten

Blaufichten in Flerzheim

in Sammlungen, seltener auch in Gärten zu finden.

Sitka-Fichte

Die Sitka-Fichte (*Picea sitchensis*) als Baum des pazifischen Nordamerika besiedelt den Küstenstreifen von Alaska bis Nordkalifornien. Sie wurde nach der Stadt Sitka in Alaska benannt, die bis 1867 Hauptstadt von Russisch-Alaska war. In ihrem Verbreitungsgebiet bildet diese Fichtenart Rein- und Mischbestände mit anderen Nadelbäumen. Sie erreicht maximal an die 90 Meter Höhe.

Im Jahre 1827 fand die Sitka-Fichte durch den Botaniker Douglas den Weg nach Europa. Auf den Britischen Inseln, in Dänemark und in Norddeutschland galt sie lange als zukunftsträchtiger Waldbaum. Ihre Ansprüche an ein luftfeuchtes Klima und ihr hoher Wasserbedarf führten zu der Annahme, sie auch im Rhein-Sieg-Kreis als Waldbaum anbauen zu können. So wurde nach dem Zweiten Weltkrieg in vielen feuchten Tälern und auf aufgegebenen Wiesen Sitka's gepflanzt. Staunässe, stechende Nadeln, die Sitkafichtenröhrenlaus und Pilzanfälligkeit veranlasste die Waldbesitzer schon nach fünfzehn bis zwanzig Jahren, die Sitka-Fichten für immer aufzugeben. Auch aus den meisten Baumschulkatalogen ist sie weitgehend verschwunden.

Mähnenfichte

Serbische Fichte

KIEFERN

Gemeine Kiefer an den „Siegburger Teichen"

Kiefern (*Pinus*) stellen mit 111 unterschiedlichen Arten die umfangreichste Pflanzengattung unter den Nadelhölzern auf. Sie unterscheiden sich von anderen Gattungen der Nadelgehölze durch gruppierte Nadeln – zwei bis fünf bzw. sechs bis acht Nadeln treten in gemeinsamer Scheide am Kurztrieb aus und sie sind einhäusig. Die weiblichen Blütenstände sind kleine violettrote Zapfen an der Spitze des Maitriebes, die männlichen sind gelbliche Kätzchen an der Basis, die große Blütenstaubmengen hervorbringen. Die Zapfen reifen in zwei bis drei Jahren: Oft stehen unreife und braune, reife Zapfen an einem Zweig. Die Samen sind meist geflügelt.

Kiefern sind attraktive Gartengewächse, die in unterschiedlichsten Formen und Zuchtformen als große Bäume wie auch als niedrige Gewächse angeboten werden. Die für den deutschen Wald wichtigste Kiefernart stellt die auch Föhre oder Waldkiefer genannte Gewöhnliche Kiefer (*Pinus sylvestris*) dar. Die Schwarzkiefer (*Pinus nigra*) gefällt durch ihren wuchtigen Wuchs, die Weymouths-Kiefer (*Pinus strobus*) vor allem durch ihre Nadeln. Unter den niedrig wachsenden Kiefern ist die auch Bergkiefer genannte Latschenkiefer (*Pinus mugo*) oder die Blaue Mädchen-Kiefer (*Pinus parviflora 'Glauca'*) zu nennen, die auf einem voll sonnigen Einzelplatz besonders zur Geltung kommt.

Waldkiefer
Das Verbreitungsgebiet der Waldkiefer erstreckt sich über ganz Europa bis zur polaren Waldgrenze, sowie weiter ostwärts über Sibirien bis Ostasien, über das nördliche Kleinasien und über

Schwarzkiefer

Nordafrika. In den Trockenwäldern Südosteuropas wird sie häufig von der Schwarzkiefer abgelöst. In den Alpen ist die Waldkiefer beispielsweise bis zu einer Höhe von 2.000 Metern anzutreffen. Sie erreicht Größen von 40 Metern, einen Durchmesser von weit mehr als einem Meter und wird 500 bis 600 Jahre alt.

Die Waldkiefer bildet je nach Standort unterschiedliche Kronenformen aus. So gibt es die breitkronige Tieflandkiefer oder die schmalkronige Höhenkiefer, die so besser vor Schneebruch geschützt ist. Aus forstlicher Sicht sind vor allem Waldkiefern mit bis zur Spitze durchgehenden Stämmen von wirtschaftlicher Bedeutung. Ihre Borke ist hellbraun bis schwärzlich und reißt plattenartig auf. Die acht Zentimeter langen Nadeln sind graugrün bis bläulichgrün gefärbt, gedreht und kurz zugespitzt. Sie weisen auf der Unter- und Oberseite gleichmäßig verteilte weiße Spaltöffnungsstreifen auf. Die Nadeln halten sich zwei bis drei Jahre, im Gebirge bis sechs Jahre. Etwa im Alter von 30 Jahren treten erstmals Blüten auf. Die männlichen Blüten entstehen um die Basis der jüngsten Triebe, sind zunächst kugel- bis eiförmig und grün-gelb, werden aufgeblüht etwa zwei Zentimeter lang und sind dann rotbraun bis braun und tragen massig gelben Blütenstaub. Die weiblichen Blüten sind rötlich und werden etwa fünf bis acht Zentimeter lang. Die befruchteten weiblichen Zapfen sind anfangs grün und reifen erst im November des zweiten Jahres. Sie verholzen, werden dann dunkelgraubraun eikegelförmig, bis zu acht Zentimeter lang und sitzen zu zweit oder in Gruppen an gekrümmten Stielen. Nach Freigabe der geflügelten Samen fallen die Zapfen ab.

Die Waldkiefer findet als anspruchslose Baumart Standorte auf trockenen als auch auf feuchteren Böden. Klimatisch bevorzugt sie sommerwarme und winterkalte Klimalagen. Bereits in früher Jugend bildet die Waldkiefer eine Pfahlwurzel aus, die sie selbst auf den nährstoffarmen Sandböden Nord-, Süd- und Ostdeutschlands standorttolerant macht, wo sie dann auch großflächig angepflanzt wurde. Die Folgen solcher ausgedehnter Reinkulturen zeichneten sich durch Insektenkalamitäten, wie beispielsweise durch den Kiefernspanner (*Bupalus piniarius*), nachhaltig ab. Inzwischen werden diese Reinbestände mit Eiche oder Buche unterbaut, so dass im Laufe der Jahre eine stabile Mischung entsteht. Als Lichtbaumart bedarf die Waldkiefer aber gezielter waldbaulicher Maßnahmen zum Erhalt, da besonders die Buche als konkurrenzstarke Schattenbaumart nach einigen Jahrzehnten überwiegen wird und sich dann als „Monokultur" etabliert.

Das harzreiche, leichte, weiche aber dauerhafte Holz der Waldkiefer hat einen breiten, gelblich bis rötlichweiß gefärbten Splint und einen rotbraunen Kern. Es wird für Möbel, Furniere, Balken, Pfähle, Fenster, Dachlatten und Bauholz verwendet.

Weymouthskiefer

Die bei uns auch unter dem Namen Strobe bekannte Weymouthskiefer (*Pinus strobus*) hat ihre Heimat im östlichen Nordamerika, wo sie auch ein wichtiger Nutzholzbaum ist. Der schnellwüchsige Baum kann in seiner Heimat bis zu 75 Meter hoch werden. Sein Holz ist noch dauerhafter als das der Waldkiefer. Besonders gerade Stämme bis zu 30 m Länge wurden früher bevorzugt für Schiffsmasten verwendet. Die Weymouthskiefer hat anfangs eine kegelförmige, später eine rundliche Krone. Ihre pinselartigen Nadeln jeweils zu fünft in einem Kurztrieb werden bis 15 Zentimeter, die leicht gebogenen, länglichen, hängenden Zapfen bis 20 Zentimeter lang. Seit über einem Jahrhundert ist die Weymouthskiefer ein beliebter Garten- und Parkbaum und viele der in Deutschland unter Denkmalschutz stehenden Exemplare, auch solche in Bonn, stammen aus dieser Zeit.

Himalaya Tränenkiefer

Erwähnenswert ist auch noch die Himalaya Tränenkiefer (*Pinus wallichiana*), deren Verbreitungsgebiet sich – wie der Name schon sagt – auf das Himalaya-Gebirge und weiter bis Ostafghanistan, Nepal, Bhutan, Nordburma und Westchina erstreckt. Sie wächst in ihrer Heimat bis 2.500, in Bhutan bis über 3.000 Meter Höhe und wird bis 50 Meter hoch, bei uns bis 35 Meter. Die Himalaya-Tränenkiefer ist ein mittelgroßer Baum mit je fünf sehr langen Nadeln an einem Kurztrieb. Ihre seidig-hellgrünen Nadeln sind überwiegend abwärts gebogen. Auffallend groß sind die lang gestreckten Zapfen, die bis 30

Zweig der Weymouthskiefer

Zapfen der Weymouthskiefer

Zentimeter lang werden können. Sie sind „strobenartig" (= bananig) gebogen, die hellbraunen Schuppen meist mit Harz bedeckt.

Die Himalaya-Tränenkiefer ist bei uns wegen ihres ausladenden Habitus und ihrer tiefen Beastung als Parkbaum beliebt und wird gern solitär gepflanzt. Sie kann wegen ihrer Nadeln leicht mit der Weymouthskiefer verwechselt werden, deren Nadeln und Zapfen sind aber erheblich kürzer. Die Himalaya-Tränenkiefer widersteht aber dem Blasenrost, einer Pilzerkrankung, die Weymouthskiefern befällt.

Schwarzkiefer

Die aus dem montanen Bereich Süd- und Südosteuropas stammende Schwarzkiefer entwickelt sich mit kegelförmiger Krone, die im Alter ausladend schirmförmig wird. Sie kann Wuchshöhen bis 45 Meter erreichen. Ihre Erscheinungsform weicht von der der Waldkiefer ab. So sind ihre Nadeln im Unterschied zur Waldkiefer länger und nicht so stark gedreht. Auch ist der Zapfen wesentlich größer als bei der Waldkiefer. Und die Schuppenborke ist schwarzbraun, großfelderig und dunkelrissig. Gerne wird sie wegen ihrer Anspruchslosigkeit als Pionierbaum zur Aufforstung entwaldeter Gebiete Südeuropas eingesetzt. In Parks und Gärten gibt sie einen dominanten Solitärbaum ab.

Folgende Kiefern stehen in Bonn unter Denkmalschutz:

Zapfen der Bergkiefer

■ Im Park der Villa Hammerschmidt Adenauerallee 125 stehen zwei 60jährige Zirbelkiefern (Pinus cembra), eine alpine Art der Kiefern-Gattung.

■ Im Park der Villa Hammerschmidt steht des Weiteren eine weit über 100 Jahre alte Schwarzkiefer.

■ Die 80jährige Gelbkiefer (Pinus ponderosa) in Bad Godesberg auf einem Grundstück an der Waldstraße gehört zu einer nordamerikanischen Art der Kiefern-Gattung.

■ Eine 80jährige Weymouthskiefer mit eineinhalb Metern Umfang steht in Bad Godesberg auf dem Gelände zwischen der Luisenstraße und der Rheinpromenade.

■ Letztlich steht noch eine 90jährige denkmalgeschütze Weymouthskiefer im Kottenforst am Verbindungsweg zwischen Forsthaus Venne und Professorenweg.

LÄRCHEN

Europäische Lärchen im Kottenforst

Die Lärchen (*Larix*) bilden eine eigene Gattung mit annähernd zwölf Arten innerhalb der Kiefergewächse (*Pinaceae*) und werfen als seltene Ausnahmen unter den Nadelbäumen ihre Nadeln alljährlich im Winter ab. Ihre Heimat sind die großen Wälder der kühleren Regionen der Nordhemisphäre in der Ebene als auch in den Bergen. So ist auch die Europäische Lärche (*Larix decidua*) kein Baum des Bonner Umlandes, sondern ein Baum der Gebirge Mitteleuropas. Dennoch gibt es eine Reihe von Lärchen im Kottenforst, immerhin hatte das damalige Forstamt 1960 eine Versuchsfläche mit Lärchen bepflanzt. Das prachtvollste Exemplar steht am Jägerhäuschen im Kottenforst, das noch heute „Franzosenlärche" genannt wird.

Die Europäische Lärche wird bis zu 45 Meter hoch und 800 Jahre alt. In der Eiszeit hat sich diese Lärchenart in wärmere Gefilde zurückgezogen und ist mit der Wiedererwärmung vermutlich von den Karpaten aus in die Alpenregion vorgedrungen. Der Wuchs der Europäischen Lärche ist regelmäßig pyramidenförmig. Mit zunehmendem Alter verändert sich die Krone der Lärche, die wegen des nachlassenden Höhenwachstums abflacht und dann breiter erscheint. Die Rinde der Europäischen Lärche ist grünlich-graubraun, zunächst glatt, später längsrissig. Die Borke ist an jungen Bäumen silber-grau bis grau-braun; sie wird später rötlich-braun bis braun. Die Nadeln treiben ab März/April hellgrün an Kurztrieben jeweils in Büscheln

zu 10 bis 60 Nadelblättern oder einzeln an einjährigen Langtrieben aus. Im Sommer werden die Nadeln dunkelgrün und verfärben sich spät im Herbst in ein reizvolles Gelb.

Kurz vor dem Nadelaustrieb entwickeln sich die Blüten des einhäusigen Baumes getrennt nach männlichen und weiblichen Blüten auf einem Baum. Die eiförmigen, mehrschuppigen weiblichen Blüten sind bis zwei Zentimeter groß und auffallend rot bis violett gefärbt. Die nur einen Zentimeter langen männlichen sind gelb bis schwefelgelb. Hellbraun sind die reifen eiförmigen, bis sechs Zentimeter langen, aufrecht stehenden Zapfen. Ihre rundlichen Schuppen zeigen feine Streifenmuster und sind am oberen Rand nur minimal nach außen gebogen. Die Zapfen selbst bleiben nach Entlassen der

Europäische Lärchen am Jägerhäuschen, Kottenforst

HEIMISCHE NADELBÄUME

geflügelten Samen bis zu zehn Jahre am Baum hängen.

Lärchenholz ist härter und haltbarer als das anderer Nadelbaumarten. Gute gerade gewachsene Stämme sind sehr wertvoll. Sie sind als Bau- und Konstruktionsholz, für Täfelungen im Schiffbau und in der Möbelindustrie sehr begehrt. Lärchenholz ist sehr dauerhaft und wird daher auch für Pfahlgründungen unter Wasser verbaut. Das wohl duftende Harz wird in der Volksheilkunde zur Heilung von Hautkrankheiten, zur Behandlung rheumatischer Beschwerden und bei Atemwegsbeschwerden eingesetzt.

Nach Ende des Zweiten Weltkrieges wurde die Japanlärche (*Larix kaempferi*) zur Aufforstung großer Kahlflächen gepflanzt. Sie wächst schnell, gilt als rauchhart und erträgt selbst kalte Winter. Um 1860 pflanzte sie die Baumschule Veitch erstmals in England anstelle der durch Blattlausfraß großflächig ausgefallenen Europäischen Lärche. Von der Europäischen Lärche unterscheidet sich die Japanische Lärche unter anderem durch die rötlich-braun gefärbten Langtriebe und die nach außen deutlich umgebogenen Zapfenschuppen. Ihr botanischer Name erinnert an den deutschen Arzt und Botaniker Engelbert Kaempfer, der 1691 erstmals Blütenkirschen und Magnolien aus Japan nach Europa brachte und den Ginkgo auf seiner Japanreise als „lebendes Fossil" erkannte.

Reifer Lärchenzapfen

Tannen

25-jährige Nordmann-Tanne im solitären Wuchs

Tannen (*Abies*) bilden mit 51 Arten, davon 40 als Waldbaum interessanten Arten, die alle in der gemäßigten Zone der Nordhalbkugel vorkommen, nach den Kiefern die zweithäufigste Gattung der Kieferngewächse (*Pinaceae*). In den Gebirgen Mitteleuropas wie etwa im Schwarzwald oder im Schweizer oder Französischen Jura ist die Weißtanne (*Abies alba*) heimisch, deren Name sich von ihrer weißgrauen Rinde ableitet.

Weißtanne

Die anspruchsvolle Weißtanne benötigt frische bis feuchte, nährstoffreiche Böden, Luftfeuchtigkeit und eine gute Wasserversorgung. Sie ist ein großer Baum, der gut 50 Meter hoch werden kann. Ihr Wuchs ist zunächst pyramidenschmal kegelförmig, später oben abgeplattet – die typische rundliche Storchennest-Krone bildet sich im Alter. Die schraubig am Zweig angeordneten, kurzen Nadeln stehen einzeln, sind breit und flach. Die männlichen, bis 2,5 Zentimeter langen Blüten sind rötlich und stehen einzeln in Blattachseln. Die gleich langen, senkrecht stehenden, weiblichen Blüten sind hellgrün und zylindrisch. Erste Blüten treten ab einem Alter von etwa 30 Jahren auf. Die Tannenzapfen stehen aufrecht und zerfallen im ausgereiften Zustand. Nur die verholzte Spindel bleibt an den Zweigen zurück. Deshalb findet man am Boden keine reifen Zapfen.

Tannen verströmen einen ganz spezifischen Harzduft. Ihre Triebe, Nadeln und die grünen Zapfen gelten als Heilmittel. Tannenöl wird zur Inhalation bei Atemwegserkrankungen eingesetzt. Das leicht zu bearbeitende Holz wurde

Weißtanne auf dem Areal von Burg Heimerzheim

Colorado-Tanne in Merler Privatgarten

für die Herstellung von Resonanzböden von Musikinstrumenten benutzt.

In mehreren Versuchsanbauten sollte die Weißtanne auch in der Eifel heimisch werden. Die Aufforstungen brachten aber nicht den gewünschten Erfolg.

Colorado-Tanne

Die Colorado-Tanne (Abies concolor) stammt aus dem westlichen Nordamerika, wo sie bis 60 Meter hoch werden kann. Seit Ende des 19. Jahrhunderts wird sie in Europa in Parks und großen Gärten angepflanzt, seltener im Wald. Der Baum zeigt eine lockere, schmal kegelförmige Krone. Die auffallend langen Nadeln sind beiderseits stumpf-graugrün bis graublau, dick, lederartig weich und haben unterseits eine grünen Mittelrippe. Die lange, glatte, graue Rinde ist mit Harzblasen versehen und wird später dickborkig, die schuppig abblättert. Die 15 Zentimeter langen zylindrischen Zapfen stehen gehäuft an der Baumspitze. Sie sind erst blaugrün, später trüb-violett, bleiben am Baum und fallen nicht herunter. Colorado-Tannen sind übrigens beliebte Weihnachtsbäume.

Colorado-Tannen werden oft erst als größerer Baum ab 2,50 Meter Größe aufwärts als Weihnachtsbaum genutzt. Als Solitärpflanze in Parks und Anlagen geben sie ein wunderschönes Bild ab.

Korea-Tanne

Die Korea-Tanne (*Abies koreana*) stammt, wie ihr Name schon sagt aus Korea, wo sie Standorte in den südlichen Landesteilen hat. Nach Europa wurde sie um 1910 als Zierbaum eingeführt. Sie ist

Küstentanne auf dem Jüdischen Friedhof Meckenheim

Zapfen der Nordmanns-Tanne

ein langsamwüchsiger Baum, der kaum mehr als 10 bis 15 Meter hoch wird. Ihre Wuchsform ist zuerst kegelig-breit und zwergenförmig mit geradem Stamm, später bildet sich ein schnellwüchsiger Mitteltrieb. Die kurzen dunkelgrünen Nadeln sind bürstenförmig nach vorn gerichtet und fast rings um den Trieb gestellt. Tiefrissig ist die hellgraue bis rotbraune Borke mit deutlich sichtbar erhabenen Lentizellen, den Rindenporen, gesprenkelt. Aufrecht wachsend die nur sieben Zentimeter großen zylindrischen Zapfen. Sie reifen zum Winter hin aus und verfärben sich von blauviolett zu braun.

Durch ihren niedrigen Wuchs, die attraktiven Nadeln und die vielen dekorativen Zapfen ist die Korea-Tanne besonders für kleinräumige Gärten und Parkteile geeignet.

Küstentanne

Die Küstentanne (*Abies grandis*), auch Riesentanne genannt, ist an der Westküste Nordamerikas von Vancouver Island über Washington bis Nordwest-Kalifornien beheimatet. Diese größte aller Tannen, die in ihrer Heimat 100 Meter hoch werden kann, wird seit der ersten Hälfte des 19. Jahrhunderts in Europa angepflanzt. Sie ist sowohl als Schmuckbaum in Parks anzutreffen und wird auch wegen ihrer Schnellwüchsigkeit als Nutzholzbaum angepflanzt. Ihre oberseits glänzenden sechs Zentimeter langen Nadeln duften angenehm. Die Zapfen sind mit sechs bis acht Zentimeter Länge relativ klein. Sie blühen im April/Mai. Die männlichen Blüten sind hellgelb, die weiblichen hellgelbgrün. Die Blütenstände erscheinen meist erst an älteren Bäumen und nur

Zweig der Spanischen Tanne im Bürgerpark Oberkassel

im Spitzenbereich der Krone. Die bräunlich rote Borke verfärbt sich im Alter grüngrau, zieht flache Furchen und ist mit deutlichen Harzblasen versehen.

Auch im Bonner Raum ist die Küstentanne anzutreffen. Sie soll vor allem in Buchenmischwäldern die Weißtanne ersetzen, die hier nicht wächst. Einzelne Küstentannen kann man inzwischen im Kottenforst sehen, wo sie teilweise den Buchenbestand überragen.

Nordmanns-Tanne

Nordmanns-Tanne (*Abies nordmanniana*) ist in Kleinasien und im Westkaukasus beheimatet. Sie wurde nach dem finnischen Botaniker Nordmann, der diese Art 1836 im Kaukasus entdeckte, benannt und Mitte des 19. Jahrhunderts nach Europa eingeführt. Der auch im Alter noch bis zum Boden

Zweig der Küstentanne

beastete Baum wird 30 Meter, in seiner Heimat sogar bis zu 60 Meter hoch. Wegen ihrer bodentiefen Beastung sollte die Nordmanns-Tanne vorzugsweise solitär gepflanzt werden. Die Krone ist anfangs schmal, später breitkegelförmig. Mit ihren dunkelgrünen, kürzeren und dichteren als auch weicheren Nadeln ist die Nordmanns-Tanne leicht von der Weißtanne zu unterscheiden. Ihre weichen Nadeln machen die Nordmanns-Tanne auch zum einem der beliebtesten Weihnachtsbäume, die immer häufiger in speziellen Kulturen gezogen werden. Die Rinde ist anfangs stumpf, später bildet sich eine graubraune, in Platten zerrissene Borke. Die voluminösen, bis 20 Zentimeter aufrecht stehenden Zapfen bilden sich hauptsächlich im unteren Teil der Krone. Ihre nach außen gebogenen Deckschuppen stehen mit einem hakigen Fortsatz vor. Als Solitärbaum und auch als Ziergehölzgruppe wird die Nordmanns-Tanne in Parks und Anlagen gern gepflanzt.

Zapfen der Nobilis-Tanne

Der Weihnachtsbaum

Ursprünglich war es ein heidnischer Brauch, zur Wintersonnenwende die Häuser mit Grün zu bestecken. Dafür kamen Eibe, Ilex, Wacholder und Buchsbaum infrage. Viel später erst verdrängten Fichte und Tanne, im Norden die Kiefer diese Arten. 1494 wurde dieser „Aberglaube" als unangebrachter Jahressegen verurteilt. Aber im alemannischen Raum setzte sich der Baumschmuck zur Weihnachtszeit durch. Urkundlich belegt ist der erste Weihnachtsbaum, der im Straßburger Münster 1539 aufgestellt wurde. Gegen Ende des 16. Jahrhunderts war es dann im Elsass Brauch, zu den Weihnachtsfeierlichkeiten im Wohnzimmer einen Baum aufzustellen und ihn mit Nüssen, Äpfeln und Süßigkeiten zu behängen. Ab dem 17. Jahrhundert ist namentlich in den protestantisch gewordenen Gebieten das Weihnachtsbaumschmücken durch Kaufleute und den Adel nachweisbar, in deren Familien diese Sitte dauerhaft Eingang fand. Etwa zu gleicher Zeit entstanden Weihnachtsmärkte, auf denen bereits „Christbäume" verkauft wurden. Schließlich fand der Christbaum auch Eingang in andere Familien. Ab dem 19. Jahrhundert gilt der Christbaum in allen deutschen Ländern als integriert. Mehr und mehr stieg der „Tannenbaum" – der eigentlich die Gemeine Fichte war – zu einem festen Weihnachtsbrauch auf. Inzwischen haben jährlich mehr als 80% der Haushalte einen Christbaum.

Die Fichte aus Jungdurchforstungen wurde allerdings längst

abgelöst von der Pazifischen Edeltanne (*Abies procera*), die unter ihrem Handelsnamen „Nobilis" besser bekannt ist. Diese wiederum wurde von der Nordmanns-Tanne (*Abies nordmanniana*) mit ihren regelmäßigen Quirlen und den leicht hochstrebenden Ästen, an denen dunkelgrüne, weiche Nadeln sitzen, verdrängt. Ihre Nadeln halten länger als Fichtennadeln am Zweig und sind auch typischer grün als die leicht bläulichen Nadeln der Nobilis, die meist auch noch teurer ist.

Heute werden Weihnachtsbäume teilweise importiert. Bei uns werden Fichten, Nobilis und Nordmanns-Tannen als Sonderkulturen zunehmend auf landwirtschaftlich weniger geeigneten Flächen in großem Stil als Christbaumkulturen kultiviert

Nach etwa acht bis zehn Jahren, Kirchen- und Marktplatzbäume nach 15 bis 20 Jahren, werden diese Bäume für den Verkauf eingeschlagen. Dänemark mit seiner optimalen klimatischen Lage, den meist ebenen Flächen und der langen Erfahrung gilt aber nach wie vor als Marktführer.

Das Zentrum des Weihnachtsbaum-Anbaus in Nordrhein-Westfalen befindet sich im Hochsauerland. Andere Regionen des Landes haben aber nachgezogen. Privatwaldbesitzer im Bergischen Land und auch im Rhein-Sieg-Kreis erzeugen seit den fünfziger Jahren des vergangenen Jahrhunderts bereits die begehrten Christbäume und Schnittgrün. Aber selbst Landwirte haben gelegentlich auf die „neue Fruchtfolge" umgestellt.

„Nadeln" sind auch „Blätter"

WACHOLDER

Wacholder

Die Wacholder aus der Familie der Zypressengewächse (*Cupressaceae*) kommen mit etwa 60 unterschiedlichen Arten fast ausschließlich auf der Nordhalbkugel vor. In Mitteleuropa ist der Gemeine Wacholder (*Juniperus communis)* von den Niederungen bis in Höhen um 1600 Meter auf Sandfluren, Magerwiesen und in lichten Nadelmischwäldern heimisch. Er kann bis 2.000 Jahre alt werden und wird gern auch als die Zypresse des Nordens bezeichnet, denn sein länglich-säulenförmiger Wuchs ist dem der Zypresse ähnlich.

Der Wacholder stellt keine großen Ansprüche an den Boden, aber er braucht viel Licht. Und so gedeiht er am besten in offenen Landschaften, besonders auf flachgründigen Heideböden. Solche Bedingungen findet er unter anderem auf den überweideten, nährstoffarmen Böden des Lampertstales, was ihn zum Charakterbaum dieser Eifelregion gemacht hat. Hier ziert er Täler und Hänge auf ehemaligen Huteflächen, in Niedersachsen hat er große Flächen erobert. Der von Hermann Löns nach einem Märchen der Gebrüder Grimm als Machandelbaum bezeichnete Wacholder gab einer Drosselart, der Wacholderdrossel sogar den Namen, die im Übrigen für ihre natürliche Verbreitung sorgt.

Ein Wacholderbaum steht in Bonn unter Denkmalschutz, nämlich der 70 Jahre alte Virginische Wacholder (*Juniperus virginiana*) auf dem Gelände der Burg Endenich. Wacholderheiden stehen inzwischen überall unter Naturschutz.

Der Wacholder erreicht als strauchwüchsiger Baum mit verzweigtem Stamm Höhen von bis

Beerenförmige Zapfen des Wacholders

zu zehn Metern. Seine graugrünen, bis fünfzehn Millimeter langen, stehenden Nadeln stehen zu dritt am Trieb und tragen auf der Oberseite ein weißes Band. Seine Borke ist grau bis rotbraun, längsrissig und faserig.

Überwiegend ist der Wacholder zweihäusig und nur selten einhäusig. Die eiförmigen männlichen Blütenstände sind gelblich, bis fünf Millimeter lang und erscheinen von April bis Juni. Die weiblichen Blüten sind unscheinbar grünlich und bestehen aus drei Zapfenschuppen. Die Entwicklung zum reifen Beerenzapfen dauert drei Jahre. Zunächst sind diese kugelförmigen, sieben bis neun Millimeter großen Zapfen noch grün. Sie werden im dritten Jahr schwarzbraun und sind dann mit einer bläulichen Wachsschicht überzogen. Botanisch gesehen handelt es sich um so genannte „Scheinbeeren". Die hartschaligen Samen sind holzig. Übrigens ist die gesamte Pflanze – vor allem die Zweigspitzen, aber nicht die Beeren - für den Menschen leicht giftig.

Wacholder spielt eine große Rolle sowohl in der Volksmedizin als auch für Küche und Keller. Seine ätherischen Öle, seine Beeren und seine Geschmacksstoffe helfen bei Arthrosen, Atembeschwerden und treiben Harn. Wacholderbeeren sind beispielsweise als Küchengewürz für Wildgerichte und für Sauerkraut unverzichtbar, Wacholderrauch braucht man zur Schinkenherstellung, Wacholderbeeren in Weingeist dienen als Einreibemittel, und ihr Destillat

ist unter verschiedensten Namen wie Genever, Steinhäger oder Gin weit verbreitet. Der Rauch der getrockneten Zweige vertreibt im Übrigen nach altem Volksglauben böse Geister.

Das Holz des Wacholders hat einen angenehmen Geruch. Wegen des rötlichen Kerns und dem hellen, fast gelben Splint wird es gern zu Schnitz- und Einlegearbeiten sowie in der Drechslerei benutzt.

Der dekorative Wacholder hat längst die Heide verlassen. Anlagen, Vorgärten, Parks und Friedhöfe hat er bereits erobert. Für den Gartenfreund und Landschaftsgestalter halten Baumschulen zahlreiche Zuchtformen in Gestalt, Aussehen und Färbung bereit.

Unreife Beerenzapfen
des Wacholders

AMBERBAUM

Amberbaum im Botanischen Garten

Der Amerikanische Amberbaum (*Liquidambar styraciflua*) aus der Familie der Zaubernussgewächse (*Hamamelidaceae*) hat seine Heimat in Nordamerikas Auenwäldern vom Mississippi bis Nicaragua, wo er weit verbreitet ist. In Europa wird der laubabwerfende Amberbaum seit Ende des 17. Jahrhunderts nicht zuletzt wegen seiner leuchtend gelb-orange bis scharlachroten Herbstfärbung als Zierbaum angepflanzt. Seither gibt es auch einige Kulturformen. Auch bei uns benötigt er mäßig nährstoffreiche, feuchte, nur schwach saure, kalkarme Böden. Gelegentliche Überschwemmungen verträgt er gut.

Der Amberbaum wird in Europa mittelgroß bei Höhen bis zu 30 Metern, in seiner Heimat erreicht er bis zu 45 Meter Wuchshöhe. Der Stamm ist durchgehend, die Krone spitz kegelförmig, im Alter eiförmig gewölbt. Die dem Ahorn ähnlichen Blätter sind fünf- bis siebenlappig, etwa zehn bis fünfzehn Zentimeter lang und nahezu ebenso breit. Wenn man die Knospen und die Blätter zerreibt, verströmen sie einen angenehmen süßlichen Duft. Wegen der Laubform wird er deswegen in den Vereinigten Staaten auch gerne als Seestern-Baum bezeichnet.

Von April bis Mai entwickeln sich die Blüten. Ihre männlichen Blüten stehen in aufrechten Ähren, die weiblichen sind kugelig hängend. Die Früchte sind bis zu drei Zentimeter große, stachelige, verholzte Kapseln.

Das Harz des Amerikanischen Amberbaumes dient zur Herstellung von Parfümen, Klebstoffen und Ölen. Aus dem Stamm wurde traditionell ein flüssiges Balsamharz gewonnen, das die Indianer

Styrax

Styrax ist ein wohlriechendes Baumharz, das auch als flüssiges Amber bezeichnet wird. Im Wesentlichen besteht dieser Stoff aus Zimtsäure, Zimtäthylenether, Vanillin, Cinnamein, Storesinol und Styrol. Bis in das 18. Jahrhundert wurde Styrax aus Kleinasien bezogen, wo es aus dem Stamm und den Ästen des Storaxbaums (*Styrax officinalis*) gewonnen wurde. Doch danach kam geruchlich ähnliches, aber preisgünstigeres Baumharz vom amerikanischen Amberbaum nach Europa. Aber nach wie vor wird entsprechend der Herkunft das Räucherwerk als *echter Styrax* vom orientalischen Storaxbaum und als *falscher Styrax* von Amberbäumen bezeichnet.

Styrax wird ähnlich wie andere Baumharze gewonnen, indem man den Stamm einritzt und den austretenden Harzfluss auffängt. Das flüssige Harz wird konzentriert, dies entweder durch Wasserdampfdestillation oder indem man es mittels Alkohol herauslöst.

Styraxbalsam war schon in der Antike das wichtigste Räucher-

als natürliches Kaugummi nahmen und das auch heutzutage noch in industriell hergestellten Kaugummis eingesetzt wird. Es dient auch zur Parfümierung von Seifen und Kosmetika, Tabak und Parfums. In den Vereinigten Staaten spielt der Amberbaum eine bedeutende forstwirtschaftliche Rolle. Dort wird das Holz in der Möbel- und Papierindustrie verarbeitet.

Zwei sehr nahe Verwandte des Amerikanischen Amberbaums sind der in Kleinasien wachsende Orientalische Amberbaum (*Liquidambar orientalis*) und der auf Taiwan vorkommende Formosa Amberbaum (*Liquidambar formosana*).

Unter den Bonner Baumdenkmälern befinden sich auch Amberbäume:

■ Ein 70jähriges Exemplar von fast zwei Metern Stammumfang

Reifes Blatt

im Park des ehemaligen Bundeskanzleramtes an der Adenauerallee.

■ Ein 120jähriges, 20 Meter hohes Exemplar im Rigal'schen Park in Bad Godesberg.

Ansonsten findet man den Amberbaum häufig in Gärten, auf Plätzen, in Parks, als Straßenbaum und auf Friedhöfen.

mittel nach Weihrauch. Der Styrax-Rauch riecht schwer süßlich und hat eine entspannende und beruhigende Wirkung. Bis heute findet Styrax als Räucherwerk vor allem in der griechisch-orthodoxen Kirche Verwendung. In der Volksmedizin wird Styrax äußerlich als Wundheilmittel und innerlich bei Bronchitis, Herzerkrankungen, Lepra, Schlaganfall und Verstopfung eingesetzt. In der Parfümindustrie findet es als süße, grasartige Komponente Verwendung.

Blatttriebe des Amberbaums

CHINESISCHER BLAUGLOCKENBAUM

Blauglockenbaum in voller Blüte

Der auch Kaiserbaum genannte Blauglockenbaum (*Paulownia tomentosa*, Syn.: *P. imperialis*) aus der Familie der Rachenblütler (*Scrophulariaceae*) stammt aus dem zentralen und westlichen China und ist seit langem als Park- und Zierbaum in den wärmeren Teilen Nordamerikas und Europas eingebürgert. Es war der Würzburger Japanologe Philipp Franz von Seibold, der diesen Baum zuerst nach Europa gebracht hat. Er stand in niederländischen Diensten und benannte den Baum nach der Kronprinzessin und späteren Königin Anna Pawlowna, einer russischen Zarentochter.

Als einziger hierzulande blau blühender Baum mit bis zu 40 Zentimeter langen Blütenständen vor dem Blattaustrieb erregt der Blauglockenbaum immer wieder Aufsehen. Seine extrem großen, herzförmigen Blätter können leicht mit denen des bei uns schon häufigeren Trompetenbaumes verwechselt werden. Doch blüht dieser erst im Sommer.

Der Blauglockenbaum wird 15 bis 20 Meter hoch. Seine lockere Krone ist breit gewölbt, der gerade Stamm reicht selten bis in die Krone. Die bis 50 Zentimeter breiten, herzförmigen, oft gelappten, lang gestielten Blätter sind gegenständig angeordnet und unterseits behaart.

Die Blüten des Blauglockenbaums treten in aufrechten, bis 40 Zentimeter hohen Rispen auf. Die Einzelblüten sind hell violett, innen gelb gestreift und glockenförmig. Die zunächst grünlichen und später graubraunen Früchte haften bis zur nächsten Blüte am Baum. Es sind walnussähnliche Kapseln mit 500 geflügelten Sa-

Fruchtkapseln des Blauglockenbaums

Blüte und vorjährige Früchte

men in zwei Fächern.

Der Blauglockenbaum benötigt nährstoffreiche, wasserdurchlässige Böden mit vollem Sonnenlicht an milden, windgeschützten Lagen. Die kugeligen, hängenden Blütenknospen erscheinen schon im Spätsommer. Sie vertragen weder frühe Herbstfröste noch starke Winterfröste. Der Baum wird erst im Alter richtig winterhart, die Knospen bleiben allerdings empfindlich, weshalb sie nur an wintermilden Standorten zur Blüte kommen. Als Jungpflanze sollte der Chinesische Blauglockenbaum die ersten Jahre frostgeschützt gezogen werden, als frei stehender Solitärbaum entwickelt er dann seine ganze Pracht. Er versamt sich allerdings unkrautmäßig, so dass ihm durchaus invasiver Charakter zuzuschreiben ist.

In seiner chinesischen Heimat wird das Holz des dort sehr häufigen Blauglockenbaums gern für Klangkörper von Musikinstrumenten verwendet.

Im Bonner Raum wächst der Chinesische Blauglockenbaum vorzugsweise in Parks, so im Botanischen Garten oder auch im Godesberger Stadtpark vor dem Kleinen Theater. Es gibt auch Exemplare an der Endenicher Allee.

Blauglockenbaum in Gartenform in Flerzheim

Rindenbild des Blauglockenbaums im Godesberger Redoutenpark

ESSIGBAUM

Essigbaum *(Rhus)*

Die Gattung *Rhus* aus der Familie der Sumachgewächse (*Anacardiaceae*) zählt 150 Arten. Der bei uns anzutreffende Essigbaum (*Rhus typhina*) ist ein kleinerer Baum von breitwüchsig strauchartigem, meist mehrstämmigem Wuchs, der Höhen zwischen sechs und zwölf Metern erreicht. Aber in seiner Heimat in den Laubwäldern des Ostens Nordamerikas kann er etwas höher werden. Er wird zudem als Hirschkolbensumach bezeichnet, weil seine braunen, filzig behaarten jungen Triebe wie ein mit Bast bewachsenes Hirschgeweih aussehen. Der Essigbaum kam Anfang des 17. Jahrhunderts als Garten- und Parkbaum nach Europa.

Die flach rundliche Krone des Essigbaums nimmt im Alter eine schirmartige Form an. Seine bis zu 50 Zentimeter langen Blätter sind unpaarig gefiedert mit bis zu 30 gesägten, länglich zugespitzten Fiederblättern, die sich von der sommergrünen Färbung im Herbst zunächst gelb und dann leuchtend orange bis scharlachrot umfärben. Nur das Fiederblatt an der Spitze ist gestielt. Die Blütenstände des Essigbaumes stehen aufrecht, die

Früchte des Essigbaumes

männlichen Blüten sind gelblich-grün, die weiblichen leuchtend-rot. Die kolbenartigen, aufrechten, karminroten Fruchtstände sind dicht behaart. Sie wurden früher dem Essig zugesetzt, was dem Baum seinen deutschen Namen gegeben hat.

Insbesondere die herbstliche Laubfärbung macht den Essigbaum zu einer attraktiven Gartenpflanze. Die Färbung kann noch verdeutlicht werden, indem man den Essigbaum solitär vor einer dunklen Hauswand oder einem Hintergrund aus Nadelgehölzen pflanzt. Weniger erfreulich für den Gartenfreund ist seine Eigenschaft, im Laufe der Jahre auch noch in größerer Entfernung Jungtriebe aus seinen flachen Wurzeln zu bilden, die natürlich gerade überall dort zutage treten, wo sie unerwünscht sind.

Als besondere Gartenform wurde der Geschlitztblättrige Essigbaum, auch Farnwedel-Sumach (*R. typhina 'Dissecta'*) genannt, gezüchtet, dessen Fiederblätter – wie der Name schon sagt – farnartig geschlitzt sind.

Alle Pflanzenteile des Essigbaumes, besonders der aus den Ästen austretende Milchsaft sind für den Menschen giftig und führen zu Magen- und Darmproblemen. Der Milchsaft löst außerdem Hautreizungen und in den Augen Bindehautentzündungen aus.

In Bonner Parks und im Botanischen Garten sowie in Gärten alter Bonner Villen ist der Essigbaum häufig anzutreffen.

ESSKASTANIE

Esskastanie vor der Burg Endenich

Wer kennt nicht die Maronen, die leckeren Früchte der Esskastanie? Dabei stammt die Esskastanie gar nicht aus Mitteleuropa, sondern aus dem europäischem Mittelmeerraum und Kleinasien bis zum Kaukasus. Die Griechen nannten ihre Früchte „Eicheln der Götter". Erst die Römer brachten sie aus ihrer ursprünglichen Heimat an Rhein und Mosel – überall dorthin, wo sie auch Weinbau betrieben. Trotz der enormen Ähnlichkeit der Früchte sind Rosskastanie und Edelkastanie überhaupt nicht miteinander verwandt. Man erkennt die Maronen daran, dass die Früchte eine flache Seite haben, während Rosskastanienfrüchte auf beiden Seiten rund sind.

Insgesamt gibt es zwölf Arten der Gattung *Castanea*, die zu den Buchengewächsen (*Fagaceae*) gehören. Die auch Edelkastanie genannte Esskastanie (*Castanea sativa*) ist der einzige europäische Vertreter darunter. Wegen ihrer stärkereichen Früchte und wegen ihres Holzes wird sie in Süd- und Westeuropa angebaut. Im Mittelalter leisteten Maronen in südeuropäischen Bergregionen einen wichtigen Beitrag zur Nahrungsmittelversorgung der Bevölkerung, in abgelegenen Gebieten sogar bis in das 19. Jahrhundert hinein, wie beispielsweise in der korsischen Castagniccia – dies ist der korsische Name für „Kastanienhain".

Die Esskastanie ist ein sommergrüner, bis zu 35 Meter hoher Baum. Sie kann sehr dicke Stämme von weit über einem Meter Durchmesser bilden und ein Alter von über 500 Jahren erreichen. Der weit in die rundliche Krone hinein reichende Stamm wird im Al-

Männliche Blüten der Esskastanie

ter sehr knorrig. Die Verzweigung beginnt meist in geringer Höhe, wobei wenige starke Äste gebildet werden. Die graubraune Borke neigt zur Längsrissigkeit.

Esskastanien benötigen nährstoffreiche Böden und lieben heiße Sommer, reagieren aber empfindlich auf anhaltende Fröste. Trockenheit vertragen sie mit ihren ledrigen Blättern und der langen Pfahlwurzel gut. Diese großen langen Blätter der Esskastanie sind lanzettlich bis 30 Zentimeter lang, am Grunde keilförmig oder annähernd herzförmig, oberseits glänzend dunkelgrün, unterseits hellgrün und am Rand spitz gezähnt.

Esskastanien blühen von Juni bis Juli. Die zahlreichen männlichen Kätzchen werden 15 Zentimeter lang, sind kräftig gelb, die weiblichen Blüten stehen in kleinen Gruppen an der Basis der männlichen Kätzchen.

Die Früchte sind glänzende, dunkelbraune Nüsse, die von einem stacheligen Fruchtbecher umgeben sind. Die anfänglich grünen Stacheln werden zur Reife gelbbraun. Sie haben dann einen Durchmesser von fünf Zentimetern, Zuchtformen erreichen zehn Zentimeter. Sind die Früchte reif, öffnet sich der mit bis zu drei Maronen gefüllte Fruchtbecher. Die Früchte fallen heraus, manchmal fallen sie mit dem Fruchtbecher zu Boden.

Einige Esskastanien stehen in Bonn unter Denkmalschutz:

■ Ein 120jähriges, 20 Meter hohes Exemplar mit fast sechs Metern Stammumfang, 50 Meter von der Rottenburgerstraße und etwa

Reife Früchte der Esskastanie

20 Meter vom Wittelsbacher Ring entfernt im Baumschulwäldchen

- Drei bis zu 120jährige Esskastanien im Garten der Burg Endenich, knapp 20 Meter hoch und eine davon mit fast fünf Metern Stammumfang

- Eine 90jährige Esskastanie mit zweieinhalb Metern Stammumfang im Garten der Universitätskinderklinik

- Eine 80jährige Esskastanie im Garten des Hauses Adenauerallee 120-122

- Eine 120jährige Esskastanie mit einem Stammumfang von über drei Metern in Bad Godesberg auf dem Gelände zwischen Luisenstraße und Rheinpromenade

- In Bornheim-Dersdorf, Waldorfer Weg 73, steht im ehemaligen Park des Lindeshofes, der sich in Privatbesitz befindet, eine der ältesten Esskastanien des Rhein-Sieg-Kreises. Sie ist ca. 230 Jahre alt und fällt durch ihr beinah kugelförmiges Erscheinungsbild auf.

- In Ruppichteroth steht im Wald, 100m östlich der Wegkreuzung Rotscheroth, eine über 400jährige Esskastanie mit sechs bis sieben Meter Stammumfang – sie zählt zu den mächtigsten Bäumen des Rhein-Sieg-Kreises. Nachdem sie in der Mitte der 1980er Jahre durch Schneebruch stark geschädigt worden war, konnte ihre Krone durch entsprechende Pflege nach einigen Jahren wieder ihren beeindruckenden Durchmesser von 40 Metern aufweisen.

Maronen

Maronen sind die Früchte der Esskastanien. Sie enthalten 39 Prozent Wasser, 43 Prozent Stärke und 2,5 Prozent Fett, darüber hinaus Mineralien und Vitamine. Es ist vor allem der hohe Kohlenhydratgehalt, der die Marone von den meisten anderen Nüssen, die vorwiegend Fette beinhalten, unterscheidet.

Das schmackhafte, gelbweißliche Fleisch der Marone ist von einer Samenhaut und einer holzig ledrigen Schale umgeben. Vor dem Verzehr muss beides entfernt werden. Dafür schneidet man die Schale an der Spitze kreuzweise ein und legt sie einige Minuten in kochendes Salzwasser oder röstet sie im 250 Grad heißen Ofen, bis die Schalen aufplatzen. Die Schale wird dann mit den Fingern gelöst, die Samenhaut mit einem Messer vorsichtig entfernt.

Die Marone ist aber nicht nur ein wertvolles Nahrungsmittel, sondern wird auch in der Volksmedizin gegen eine Reihe von Beschwerden eingesetzt. Schon Hildegard von Bingen, die große Ärztin des Mittelalters, hielt große Stücke von Esskastanien und schrieb: *„Alles, was an*

Fruchtansatz an der Esskastanie

ihm ist und auch seine Frucht ist *nützlich gegen jegliche Schwäche im Menschen.*" Sie kann dabei sowohl innerlich als auch äußerlich verwendet werden. Die Edelkastanie wirkt unter anderem adstringierend (zusammenziehend), sedativ (beruhigend) und tonisch (kräftigend) und ist ausgesprochen gut für den Magen. Sie wird traditionell bei Asthenie (Schwäche des Gesamtorganismus), Mineralsalzmangel, zur Rekonvaleszenz, bei Magen- und Darm-Problemen, Husten und Rachenentzündung angewendet.

Maronen

FEIGENBAUM

Früchte des Feigenbaums

Der Feigenbaum (*Ficus carica*) gehört zur artenreichsten Gattung der Familie der Maulbeerbaumgewächse (*Moraceae*). Er stammt aus dem südwestlichen Asien, von wo aus er sich schon in der Antike über das gesamte Mittelmeergebiet ausbreitete. Er zählt zu den ältesten Nutzpflanzen der Antike. Feigen wurden schon damals getrocknet und weit überregional gehandelt. Heute wachsen Feigenbäume auch in windermilden Regionen Deutschlands, so in der Pfalz bis an die Ahr in Rheinnähe, so beispielsweise in Mondorf.

Aus der Wildform haben sich in Kultur zwei Formen entwickelt, einerseits die Kulturfeige genannte Haus- oder Essfeige (*Ficus carica* var. *domestica*) und andererseits die Bocksfeige (*Ficus carica* var. *caprificusa*). Die Kulturfeige liefert die essbaren Früchte, die holzigen „Früchte" der Bocksfeige sind nicht genießbar. Sie trägt nur weibliche Blüten, so dass sie sich allein nicht vermehrt. Die Bocksfeige trägt weibliche Gallenblüten und männliche Blüten - funktionell ist sie eine männliche Pflanze.

Der sommergrüne Feigenbaum ist von strauch- oder baumförmigen Wuchs und erreicht maximal acht Meter Höhe. Seine Krone wird im Alter immer breiter und ausladender, sein Stamm wird knorrig und verzweigt sich schon im unteren Bereich. Die behaarten Zweige sind dick und tragen große Blattnarben. Die eiförmig bis runden, bis 30 Zentimeter langen Blätter sind meist drei- oder fünflappig, oberseits rau, unterseits behaart. So bildet das Blatt der Feige die Form einer fünffingrigen Hand, die verschämt genau die Blöße von Mann und

Blattwerk des Feigenbaums

EINGEBÜRGERTE LAUBBÄUME

Frau verdeckt - seit Adam und Eva wird Nacktheit unter Feigenblättern versteckt. Das legt auch nahe, dass der biblische Baum der Erkenntnis kein Apfel- sondern ein Feigenbaum war.

Blüten des Feigenbaums sind klein. Männliche und weibliche Blüten verbergen sich in großer Zahl auf der Innenseite einer krugförmigen Blütenstandsachse, die zur Reife saftig-fleischig wird. Die Hausfeige bildet in den Blütenständen nur langgrifflige weibliche Blüten aus, die nicht essbare Bocksfeige sowohl kurzgrifflige weibliche, so genannte Gallblüten, als auch sich in der Nähe der schmalen Öffnung der Feige befindliche männliche Blüten. Beide Varianten bringen jedes Jahr drei Generationen von Blütenständen hervor. Die 1. Generation erscheint im Februar/März und reift im Juni/Juli, die 2. Generation im Mai/Juni und reift im August/September und die 3. Generation im August/September, die von Dezember bis März reift.

Die sich in der Blattachse entwickelnden „Früchte" sind grünlich, bräunlich oder violett, länglich oder birnenförmig, kurz gestielt. Dabei ist die Bezeichnung der Feige als „Frucht" biologisch nicht richtig. Die Feige ist der Blütenstand und das, was als Fruchtfleisch gegessen wird, ist das Gewebe, welches die winzigen Blüten einschließt. Die beim Essen spürbaren sandartigen Kernchen sind die eigentlichen Früchte.

Längst hat die Pflanzenzucht Feigenbäume entwickelt, die nicht mehr auf Bestäubung angewiesen sind, sondern die „Früchte" pathernokarp, also ohne Bestäubung ausbilden. So ist es beispielsweise

Die Feigengallwespe

Außergewöhnlich ist die Bestäubung des Feigenbaums. In der über Jahrtausende währenden Kultivierung, in der sich aus der Wildfeige zwei Varietäten der Kulturfeige herausgebildet haben, sind diese untereinander und mit der Feigengallwespe (*Blastophaga psenes*) eine enge Symbiose eingegangen.

Die Feigengallwespe ist ein zwei Millimeter großes Insekt, bei dem nur das glänzend schwarze Weibchen beflügelt ist. Das Männchen bohrt sich aus der „Frucht" der Feige, bohrt eine andere „Frucht" an, in der sich ein Weibchen befindet und begattet dies. Nach der Begattung verlässt das Weibchen die „Frucht", wobei sie sich mit den Pollen der männlichen Blüten belädt und wandert dann in jüngere Fruchtstände der folgenden Feigengenerationen ein, befruchtet hierbei deren weibliche Blüten und legt ein Ei in den angestochenen Griffel einer weiblichen Blüte – das Einlagern des Eis bewirkt die Gallenbildung.

In den Gallblüten der überwinternden Fruchtstände der (nicht

möglich, auch nördlich der Alpen einzelne Feigenbäume zum Reifen zu bringen. In unseren Breiten bildet die Feige aber nur einmal, im Herbst, reife Scheinfrüchte aus.

Der Schwerpunkt des kommerziellen Feigenanbaus liegt rund um das Mittelmeer. Für den Frischverzehr werden die Feigen vor der Vollreife geerntet. Der größte Teil der Feigenernte ist zum Trocknen vorgesehen und wird vollreif geerntet, wenn ihr Wassergehalt schon natürlich zurückgegangen ist. Aus dem Saft der Feigen wird auch Süßwein hergestellt. Frische Feigen enthalten Proteine, wenig Fett, über zehn Prozent Kohlenhydrate, Ballaststoffe, Mineralien und einige Vitamine, aber nur wenig Vitamin C. Feigenholz wurde im Mittelalter gerne zu Holztafeln für die Kirchenmalerei verarbeitet.

In der antiken Mythologie wurde Feigen vor allem aphrodisische Wirkung beigemessen. Der griechische Gott Dionysos galt auch als Feigenfreund. Feigenfeste nahmen oft orgienhafte Formen an. In Rom sollen die Zwillinge Romulus und Remus unter einem Feigenbaum ausgesetzt worden sein. Und in der römischen Küche spielten Feigen eine große Rolle. So empfiehlt der berühmte römische Koch Apicius, Feigen sorgsam zu pflücken und in Honig einzulegen, ohne dass sie sich berühren, um sie länger haltbar zu machen, denn frische Feigen verderben schnell.

essbaren) Bocksfeige entwickeln sich die Larven der Feigengallwespe und schlüpfen dort im März/April aus. Die Männchen begatten die Weibchen in der Feige und sterben danach.

Weibchen der Feigengallwespe

Schnitt durch die reife Feige

AMERIKANISCHE GLEDITSCHIE

Amerikanische Gleditschie auf dem Poppelsdorfer Friedhof

Die Amerikanische Gleditschie (*Gleditsia triacanthos*) aus der Familie der Hülsenfrüchtler (*Fabaceae*) wird auch gern als Falscher Christusdorn bezeichnet. Ihre Heimat ist in den zentralen und östlichen Teilen der Vereinigten Staaten. Bei uns wird sie gelegentlich in Gärten und Parks angepflanzt.

Die in ihrem Ursprungsgebiet bis 50 Meter hohe, sommergrüne Gleditschie hat eine im unteren Teil schlanke, nach oben hin immer breitere, ausladende, unregelmäßig aufgebauter Krone. Die relativ glatte Rinde der Gleditschie ist dunkelgraubraun. Bei älteren Exemplaren treten lange, flache Längsrisse auf. Typisch sind ihre spitzen, verzweigten, braunroten Dornen, die büschelförmig am Stamm und an den Ästen sitzen. An älteren Zweigen sind die spitzen Dornen meist lang und verzweigt.

Die Blätter der Gleditschie sind bis zu 20 Zentimeter lang, an den jungen Trieben meist doppelt gefiedert, an den älteren einfach gefiedert und haben acht bis 30 Fiederblättchen pro Blatt. Ihre Oberseite ist gelbgrün bis dunkelgrün mit leicht gesägtem Blättchenrand im Bereich der Spitze. Ende Oktober bekommen die Blätter eine schöne goldgelbe Herbstfärbung, bevor sie abfallen.

Die Blüten der Gleditschie sind klein, unscheinbar, gelbgrün und sitzen in langen hängenden, traubigen Blütenständen. Die männlichen Blüten sind fünf bis sechs Millimeter groß und haben fünf

gelbe Kronblätter. Sie ragen deutlich aus dem Blütenbecher hervor. Die weiblichen Blüten sind unauffällig in lockeren Trauben.

Auffällig sind die rotbraunen, bis 50 Zentimeter langen, vier Zentimeter breiten, oft etwas um die Längsachse gedrehten Früchte der Gleditschie. Im den Hülsen befinden sich viele harte, linsenförmige Samen, die bis ins Frühjahr in den Hülsen verbleiben, die bis dahin am Baum hängen.

Stammdornen der Amerikanischen Gleditschie im Härle-Park

HICKORYNUSSBÄUME

Hickorynussbäume im Botanischen Garten

Die Gattung der Hickorynussbäume (*Carya*) gehört zur Familie der Walnussgewächse *(Juglandaceae)*. Es handelt sich um erdgeschichtlich alte Bäume, die in Mitteleuropa bis in das Erdzeitalter des Pliozän, also bis vor circa zwei Millionen Jahren, verbreitet waren. Die heutigen Hickory-Arten stammen aus Nordamerika und Asien. Sie werden einerseits wegen ihrer Nüsse, die im Handel als Pecannüsse erhältlich sind, geschätzt, andererseits wegen ihres Holzes, das aufgrund seiner Härte und Belastbarkeit für die Herstellung von Äxten und Hammerstielen, von Ladestöcken für Vorderlader und etwa auch für Golfschläger benutzt wurde. Schon die Algonkin-Indianer nahmen Hickory-Holz zur Herstellung von Bögen – aus ihrer Sprache leitet sich auch der Name der Hickory-Nüsse ab, denn sie bezeichneten *pocohiquara* als ein Getränk aus den gepressten Nüssen.

Im Botanischen Garten Bonn stehen verschiedene Hickory-Bäume, so die Bitternuss (*Carya cordiformis*), die Ferkelnuss (*Carya glabra*), die Pecannuss *(Carya illinoiensis)*, der Schuppenrinden-Hickory (*Carya ovata*) als eine der auffallendsten und schönsten Arten und nicht zuletzt die Spottnuss (Carya *tomentosa)*. Die Bäume wurden um 1830, also in der Frühphase des Botanischen Gartens gepflanzt, und stellen durch ihr Alter und ihre Größe eine einzigartige Gruppe dar.

Der leicht zu erkennende Schuppenrinden-Hickory, auch Zottelborkiger oder Schuppenborkiger Hickory genannt, wird vor allem wegen seines Aussehens in Schlossparks und Burggärten an-

Pecannusskerne

Männliche Blüten des Schuppenrinden-Hickory

EINGEBÜRGERTE LAUBBÄUME

gepflanzt. Seine scharfkantigen Rindenstreifen entstehen im Alter von 35 bis 40 Jahren, wenn der Baum auch die ersten Nüsse trägt. Vermutet wird eine arteigene Abwehr gegen Nuss fressende Eichhörnchen. Neben der Nuss wird das Holz sehr geschätzt und vielfältig verwendet. Ein weiteres Artmerkmal sind die nur fünf Fiederblättchen, deren Endblatt größer als die vier Übrigen ist.

Unter den fünfzehn bis zwanzig Hickory-Arten ist der Pecannussbaum (*Carya illinoinensis*) der (wirtschaftlich) bedeutendste. Der zunächst langsamwüchsige Baum nimmt im Alter stattliche Ausmaße an und wird bis zu 40 Meter hoch. Mit dem weit nach oben reichenden Stamm und den mächtigen Hauptästen bildet er letztendlich eine breit gewölbte runde Krone aus. Der natürliche Standort sind Flussniederungen mit nährstoffreichen kalkarmen Böden. Bei uns geben sie einzeln oder in Gruppen in großen Parks ein eindrucksvolles Bild ab. Ihr Laub ist unpaarig gefiedert, die Blätter werden über einen halben Meter lang. Die Blüte tritt im Mai/Juni in langen gelben Kätzchen auf, die wohlschmeckenden Früchte reifen ab Spätsommer.

Pecannuss

Pecanüsse

Pecannüsse ähneln im Aussehen sehr dem der Walnüsse, sie haben jedoch ein milderes, leicht süßliches Aroma. Wie die Walnüsse können sie als Knabberei verzehrt werden, eignen sich aber auch zum Backen, zum Verfeinern von Salaten oder Süßspeisen.

In den Vereinigten Staaten stellen Pecannüsse einen wichtigen Wirtschaftszweig dar. Pecannussbäume sind deshalb auch Gegenstand züchterischer Bemühungen geworden, so dass es inzwischen viele Sorten gibt, die überwiegend durch Veredelung vermehrt werden. Wichtig war dabei eine frühere Blüte, ein höherer Ertrag und die Eignung für Anpflanzungen in nördlicheren Regionen der Vereinigten Staaten, die auch mit kürzeren Wachstumsperioden zurechtkommen.

Wichtigster Bestandteil der Pecannüsse ist Fett. 100 g Pecannuss enthalten durchschnittlich 72 g Fett, 9,3 g Eiweiß, 3 g Wasser, 4,4 g Kohlenhydrate, 9,5 g Ballaststoffe, in kleinen Mengen Natrium, Kalium, Kalzium, Phosphor, Eisen, Magnesium sowie verschiedene Vitamine, insgesamt 703 Kalorien (2941 kj)!

Japanischer schnurbaum

Schnurbaum in voller Blüte

Der Japanische Schnurbaum (*Sophora japonica*), auch Perlenschnurbaum oder Pagodenschnurbaum genannt, ist eine sommergrüne Laubbaumart der Schmetterlingsblütler (*Faboideae*) aus der Familie der Hülsenfrüchtler (*Fabaceae*), der wegen des säuerlichen Geschmacks seiner Samen auch Sauerschotenbaum genannt wird. Seinen Namen bezieht der Schnurbaum von seinen fünf bis acht Zentimeter langen, zwischen den einzelnen Samen stark eingeschnürten Hülsenfrüchten, die das Bild einer auf einer Schnur aufgereihter Perlen abgeben.

Die ursprüngliche Heimat des Japanischen Schnurbaums ist China und Korea. Nach Europa gelangte dieser imposante Parkbaum erstmals 1747 aus japanischen Gärten. Inzwischen ist er bei uns durch sein attraktives Erscheinungsbild sowie gleichermaßen wegen seiner Anspruchslosigkeit und seiner starken Umweltverträglichkeit zunehmend verbreitet. Zusätzlich interessant an dieser Baumart ist seine Blüte im Hochsommer (August), wodurch er eine wertvolle Nahrungsquelle für Bienen, Hummeln und andere Insekten darstellt, wenn die meisten anderen Pflanzen bereits verblüht sind.

Der Japanische Schnurbaum wird 30 Meter hoch. Er ist frosthart als alter Baum und stadtklimafest. So ist dieser wunderschöne Park- und Gartenbaum auch als Straßen- und Alleebaum geeignet. Gartenformen gibt es inzwischen als Hänge- ('*Pendula*') und Säulenform ('*Columnaris*'). Sein kurzer Stamm reicht bis an die ausladende Krone, nur im Bestand bis weit in die Krone hinein. Typisch ist seine Wuchsform mit unregelmäßigen, gedrehten Ästen. Das Laub treibt erst spät aus, bleibt aber im Herbst sehr lange am Baum haften und stellt durch seine grüngelbe Herbstfärbung noch bis weit in den November eine Zierde dar. Auf den ersten Blick kann man den Schnurbaum wegen seiner unpaarig gefiederten Blätter mit denen der Robinie verwechseln, doch sind diese länglicher und spitzer sind als die runden Blätter der Robinie. Die duftenden, weiß bis gelblichen Blüten zeigen den Unterschied deutlich – der Schnurbaum blüht viel später und seine Blütenrispen mit etwas kleineren Schmetterlingsblüten stehen aufrecht, im Gegensatz zu den hängenden Blütentrauben der Robinie.

Vorsicht ist bei den Samen geboten, die im unreifen Zustand vor allem für Kinder giftig sind und Übelkeit, Erbrechen und Durchfall hervorbringen.

Ein 130 Jahre alter Japanischer Schnurbaum im Park der Villa Simons in der Dottendorfer Straße ist als Baumdenkmal geschützt. Dieser 25 Meter hohe Baum hat einen Stammumfang von vier Metern!

MAGNOLIEN

Magnolie in einem Mehlemer Vorgarten

Bei der etwa 80 immergrüne und sommergrüne Bäume und Sträucher umfassenden Pflanzengattung der Magnolien (*Magnoliaceae*) handelt es sich um altertümliche Gewächse, deren Ursprünge 100 Millionen Jahre zurück liegen. Mit ihrer botanischen Bezeichnung wird der französische Botaniker Pierre Magnol (1638-1715) geehrt. Im Erdzeitalter der Kreide und des Tertiär wuchsen Magnolien auch in Europa. Derzeit sind sie in zwei Populationen verbreitet. Ostasiatische Magnolien treiben die Blüten meist vor den Blättern, die amerikanischen Arten blühen nach der Laubentfaltung. In Europa sind Magnolien seit 200 Jahren als Zierbäume in Gärten und Parks angepflanzt. Es sind winterharte Pflanzen, aber es kommt vor, dass ihnen in extrem harten Wintern Blätter und auch Triebe erfrieren.

Doch regenerieren diese sich sehr schnell. Sie lieben einen humusreichen sauren Boden. Die bei uns am weitesten verbreitete Art ist die Tulpenmagnolie (*Magnolia soulangiana*), eine Kreuzung zweier chinesischer Arten.

Die sommergrüne Tulpenmagnolie ist ein beeindruckend blühendes Großgehölz für mittlere bis große Gärten. Sie sollte einzeln gepflanzt werden, eine besonders schöne Wirkung lässt sich bei freier Pflanzung auf einer Rasenfläche erzielen. Die Tulpenmagnolie erreicht eine Höhe von sechs bis zehn Metern. Der kurze Stamm verzweigt sich schon im unteren Teil des Baumes. Die Krone bleibt relativ offen. Ihr Laub ist verkehrt eiförmig. Die tulpenartige, weißrosa Blüte erscheint je nach Witterung etwa im April vor dem Laubaustrieb. Charakteristisch ist der

Tulpenmagnolie

lilarosa Farbstrich bis zur Spitze der Blütenblätter. Alte Pflanzen blühen jedes Jahr sehr stark.

Unter den anderen Garten-Magnolienarten ist vor allem die Purpur-Magnolie *(Magnolia liliiflora)* zu erwähnen. Ihre Blüten treten zeitgleich mit dem Blattaustrieb auf. Sie sind rubinrot und innen weißlich – übrigens eine sehr frostharte Pflanze. Die Stern-Magnolie *(Magnolia stellata)* ist vom Wuchs strauchförmig, kann aber zu einem kleinen Baum herangezogen werden. Durch Schnitt gibt sie eine attraktive Hecke ab. Ihre duftigen, sternförmigen Blüten treten vor dem Blattaustrieb auf und sind weiß. Die Immergrüne Magnolie *(Magnolia grandiflora)* stammt aus den Südstaaten der USA. Sie erreicht bei entsprechenden klimatischen Voraussetzungen auch bei uns eine Höhe von 20 bis 25

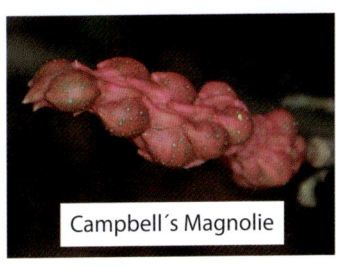

Campbell´s Magnolie

Metern. Ihre Blätter erinnern an die des Gummibaums. Ihre angenehm duftenden, weißen Blüten erreichen eine beachtliche Größe von bis zu 30 Zentimetern Durchmesser. Sie erscheinen von April bis Juni über einen Zeitraum von einigen Wochen verteilt, über den Sommer sieht man immer wieder einzelne Blüten.

Eine geschützte 60jährige Tulpenmagnolie mit eineinhalb Metern Stammumfang steht in Friesdorf auf dem Grundstück Dottendorfer Straße 1.

Frucht der Magnolia grandiflora im Botanischen Garten

Blüte der Magnolia liliiflora

MAULBEERBÄUME

Weißer Maulbeerbaum im Kölner Forstbotanischen Garten

Maulbeerbäume gehören wie die Feigenbäume zur Familie der Maulbeergewächse (*Moraceae*). Sie sind mit zwölf Arten außerhalb Europas in den gemäßigten und subtropischen Zonen der nördlichen Halbkugel beheimatet. Bereits die Römer hatten für ihre Verbreitung in ihrem Herrschaftsgebiet gesorgt. Bei uns sind inzwischen am häufigsten die aus Asien stammende Weiße und Schwarze Maulbeere sowie die aus Nordamerika stammende Rote Maulbeere anzutreffen. Sie gedeihen bei uns am besten in den klimatisch begünstigten Weinbauregionen.

Die drei bei uns am häufigsten vorkommenden Arten sind sommergrün, meist von strauchigem Wuchs bis sechs Meter hoch oder als Baum bis zu fünfzehn Meter hoch. Eines ihrer Charakteristika ist, dass sie einen weißen Milchsaft führen. Ihre Rinde ist graubraun, ihre Blätter variieren auch am selben Baum beträchtlich. Die Bäume bilden Nussfrüchte, bei denen sich die Blütenhülle zu einem saftig-fleischigen Fruchtfleisch umwandelt. Diese essbaren Früchte ähneln in ihrer Gestalt Brombeeren. Ihre Farbe reicht von cremig über rot bis zu schwarz. Sie sind süß und saftig, die der Roten und Schwarzen Maulbeere haben einen intensiv aromatischen Geschmack, die der Weißen Maulbeere können etwas fade schmecken. Maulbeeren werden entweder roh gegessen oder zu Marmelade, Gelee oder Maulbeerwein verarbeitet. In Afghanistan verwendet man die süßen, getrockneten Früchte wie Rosinen. Weniger bekannt ist, dass man bei richtiger Verarbeitung einen guten Schnaps daraus brennen kann. Sirup, Säfte und Tee aus den Früchten der Schwarzen Maulbeere lindern Entzündungen der Mundschleimhaut und des Halses.

Maulbeerbäume können entweder einhäusig (männliche und weibliche Blüten sind getrennt voneinander auf einer Pflanze vorhanden) oder auch zweihäusig (eine Pflanze trägt entweder männliche oder weibliche Blüten) sein.

Schwarzer Maulbeerbaum

Bei uns ist der Schwarze Maulbeerbaum (*Morus nigra*) von eher strauchartigem Wuchs. Als langsam wachsender Baum kann er aber bis fünfzehn Meter hoch werden. Seine Blätter sind sechs bis zwölf Zentimeter lang, herzförmig bis breit eiförmig und lang zugespitzt, zwei- bis dreilappig an 1,5 bis 2,5 Zentimeter langem Blattstiel. Ihre glänzend dunkelgrüne Oberseite ist rau, unterseits ist sie heller und am Hauptstrang behaart. Die Herbstfärbung ist lebhaft gelb. Ihre eher unscheinbaren Blüten sind hellgrün, die männlichen Kätzchen 2 bis 2,5 Zentimeter, die weiblichen 1 bis 1,5 Zentimeter groß.

Weißer Maulbeerbaum

Der Weiße Maulbeerbaum (*Morus alba*) ist in Südosteuropa eingebürgert und am wenigsten frostempfindlich. Er verträgt Temperaturen bis unter -10° Celsius. Seine

Blätter sind breit eiförmig, sechs bis zwanzig Zentimeter lang, meist ungleichmäßig gekerbt und oberseits glatt. Der Baum ist einhäusig, die hellgrünen Blüten stehen in getrennten Ständen in den Blattachsen. Die Früchte sind cremig weiß bis hellrosa.

Seit Jahrtausenden werden ausschließlich die Blätter des Weißen Maulbeerbaums für die Seidenraupenzucht verwendet. Die derben Blätter des Schwarzen Maulbeerbaums sind dafür ungeeignet.

Das Holz des Weißen Maulbeerbaums ist für seine Dehnbarkeit bekannt und wird für die Herstellung von Sportgeräten verwandt. Im Mittelmeerraum werden nach wie vor Schnaps- und Weinfässer daraus hergestellt. Da in unserem Bereich größere Versuchsanbauten fehlgeschlagen sind, trifft man die Bäume relativ selten als Parkbaum an. Es gibt aber eine Reihe von Gartenformen.

Roter Maulbeerbaum

Der Rote Maulbeerbaum (*Morus rubra*) aus dem östlichen Nordamerika wird in seiner Heimat bis 22 Meter hoch. Er trägt sechs bis zwölf, manchmal auch bis 20 Zentimeter lange Blätter. Sie sind breit eiförmig, an der Basis gestutzt

oder schwach herzförmig, grob gesägt, oft zwei- bis dreilappig, die oberseits etwas rau und unterseits entlang der Hauptnerven weich behaart sind. Die zwei bis drei Zentimeter langen Fruchtstände verfärben sich im Laufe der Reife von rot bis dunkel purpur.

Der natürliche Standort des Roten Maulbeerbaums sind nährstoffreiche Böden in Flussniederungen. Die Siedler nutzten den Baum bevorzugt für die Gewinnung von Zaunpfählen. Versuche ihn in Amerika für die Seidenraupenzucht einzusetzen, scheiterten, denn die asiatischen Seidenraupen nahmen die Blätter dieses amerikanischen Maulbeerbaums als Futter nicht an. Aber er wurde wegen seiner Früchte kultiviert. Bei uns ist der Rote Maulbeerbaum selten, obwohl er weitgehend winterhart ist.

Der wohl berühmteste Maulbeerbaum in Deutschland ist der 1000jährige Maulbeerbaum der Abtei Brauweiler – dieser Baum soll hier schon im Jahre 1024 gestanden haben, als das Kloster gegründet wurde.

Unter Denkmalschutz stehen in Bonn die folgenden Maulbeerbäume:

■ Ein 80 Jahre alter, zehn Meter hoher Weißer Maulbeerbaum in der Grünanlage der katholischen Kirche von Endenich,

■ Neun 100 Jahre alte, zehn Meter hohe Weiße Maulbeerbäume nördlich der Volksschule in Beuel am Aufgang zum Ennert

Die grünen Blätter des Weißen Maulbeerbaumes dienen der Zucht von Seidenraupen. Dies war auch der eigentliche Zweck, weshalb man die Maulbeerbäume nach Europa brachte. Ganze Landschaften, besonders in Südeuropa, wurden früher von Maulbeerbaumalleen, der Seidenraupenzucht und der Seidenproduktion geprägt. Auch in Preußen pflanzte man Weiße Maulbeeren an Alleen, auf Marktplätzen und Schulhöfen an. Allerdings verlor die heimische Seidenraupenzucht aufgrund billiger Seidenimporte aus Südostasien an Bedeutung und der Maulbeerbaum verschwand wieder aus dem Landschaftsbild.

Die Seidenraupe ist die Larve des Seidenspinners (*Bombyx mori*), dessen Heimat Südostasien ist. Es ist ein gut drei Zentimeter großer Schmetterling. Nach der Paarung und Eiablage sterben die Schmetterlinge. Die befruchteten Eier überwintern. Im nächsten Frühjahr schlüpfen die Raupen. Sie häuten sich viermal und spinnen aus einem langen Seidenfaden einen Kokon, in dem sie sich verpuppen und zum Schmetterling entwickeln.

Die Anfänge der Seidenraupenzucht sind sagenhaft. Danach hat Shennong, der mythischer Urkaiser und Gott des Ackerbaus, die Menschen in die Kultur des Maulbeerbaums eingeweiht.

Auf jeden Fall kann man davon ausgehen, dass um 2.700 v.Chr. in China die Seidenraupenzucht begann und sich zu einem vielseitigen Wirtschaftssystem aus Maulbeerhainen, Seidenherstellung und Fischzucht entwickelte. Das Land, auf dem die Maulbeerbäume wuchsen, wurde künstlich erhöht, dabei hob man gleichzeitig Fischteiche aus. Im Winter düngte man die Bäume mit dem Schlamm aus den Teichen. Das Laub der Maulbeerbäume ernährte die Raupen, deren Abfall wiederum die Fische, deren Abfall dann wiederum die Bäume. Die kahl gefressenen Zweige dienten als Brennmaterial, die Asche beim Einlegen der Schmetterlingseier sowie zum Färben der Seide. Seide war im alten China so kostbar, dass der Verrat der Kenntnisse über die Seidenraupenzucht und der Export von Raupen oder Seidenspinnereien unter Todesstrafe standen.

In der Antike gelangte die kostbare Seide aus China über die Seidenstraße in den Vorderen Orient und nach Rom. Später wurde das chinesische Seidenmonopol durch das islamische Persien gebrochen. Bis 1870 konnte Italien einen erheblichen Anteil am Weltseidenmarkt erwirtschaften. Mitte vorigen Jahrhunderts kam dann die Seidenproduktion in Europa zum Erliegen, ausgelöst durch einen Parasiten des Seidenspinners, der die Bestände auslöschte ("Pébrine-Krise"). Im Dritten Reich versuchte man erneut, eine Seidenraupenzucht aufzuziehen, weil man so Fallschirmseide produzieren wollte.

PFIRSICH

Roter Weinbergspfirsich

Der Pfirsich (*Prunus persica*) ist eines der schönsten Steinobstgewächse. Der „Persische Apfel" entstammt der Familie der Rosengewächse (*Rosaceae*). Er stammt aus China und wird in zahlreichen Sorten als Obstbaum kultiviert. Über Persien gelangte er in das Römische Reich. Die Römer brachten den Pfirsich über die Alpen, wo sie ihn in den Gegenden mit wärmerem Klima anbauten. In Deutschland sind in der Saalburg, dem heute rekonstruierten Römerkastell im Taunus, Pfirsichkerne aus der Zeit um 120 n.Chr. gefunden worden. Der Pfirsich wurde auch im Mittelalter im *Capitulare de Villis* Karls des Großen als „*persicarius*" erwähnt. Albertus Magnus bezeichnet ihn mit *persicum*. Auf den Pfirsichbaum wies ebenfalls die heilige Hildegard von Bingen hin.

Trotz dieser langen Kulturgeschichte des Pfirsichs in Deutschland lassen sich bei uns aber aus klimatischen Gründen keine kommerziellen Pfirsichplantagen betreiben. Ganze 100 Hektar werden in Deutschland im Erwerbsobstanbau mit Pfirsichen bewirtschaftet. Auf günstigem Standort in Privatgärten, etwa an der windgeschützten Südseite von Hauswänden, bringt der Pfirsich in sonnenreichen Jahren dennoch schöne Früchte hervor. Es reicht übrigens ein Baum im Garten, da der Pfirsich selbstbefruchtend ist.

Der kurzstämmige Pfirsichbaum wird an die acht Meter hoch. Er treibt seine rosa bis roten, drei Zentimeter großen Blüten an sehr kurzem Stiel mit außen behaarten Kelchblättern Ende April bis Anfang Mai noch vor den Blättern aus, die dadurch sehr stark spätfrostgefährdet sind – aber für Gartenbesitzer auch einen sehr hohen Zierwert haben. Die gestielten bis fünfzehn Zentimeter großen, unbehaarten Blätter Pfirsichblätter haben eine elliptische bis lanzettliche Form, eine keilförmige Basis und sind lang zugespitzt.

Die apfelgroßen, fleischigen Früchte des Pfirsichbaums reifen ab Ende August bis September. Sie sind mit samtigem Flaum bedeckt und an der Sonnenseite stärker ausgefärbt. Es gibt weiß- und gelbfleischige Sorten, solche, die steinlösend oder nichtsteinlösend sind. Die Frucht ist süßlich und schmackhaft. Ausgereift schmecken sie am besten – dann lassen sie sich mit einer Drehbewegung leicht vom Ast lösen. Die übliche Nachreife importierter, verfrüht gepflückter Pfirsiche führt meist nicht zum vollen Aromaausbau. Doch so wohlschmeckend Pfirsiche auch sind, reagieren sie doch besonders empfindlich auf Druck, Pilze und Bakterien. Schon nach kürzester Zeit zeigen sie braune Stellen. Selbst untereinander brauchen Pfirsiche Distanz. Eng aneinander gelagert oder gar beschichtet bildet sich rasch Schimmel.

Roter Weinbergspfirsich

Im 16. und 17. Jahrhundert wurden in Weinbauklimaten, so vor allem auch an der Mosel als ihrem nördlichsten Verbreitungsgebiet in Deutschland, kleinfrüchtige

Pfirsichbäume gezogen, die bis heute als „Rote Weinbergspfirsiche" überlebt haben. Bis in die 60er Jahre des vorigen Jahrhunderts sorgte eine Vielzahl von Obstbäumen für eine Auflockerung des Landschaftsbildes in den Weinbergen - auf tiefgründigen Standorten waren es Apfel-, Birn- und Kirschbäume und in den Steilhängen vor allem der Rote Weinbergpfirsich. Inzwischen hat dieser Obstbaum eine Renaissance erfahren, stellt er doch ein Stück Kulturgeschichte des Weinbaus an der Mosel dar. Es sind kleine Bäume mit kleinen, harten und stark bepelzten Früchten, die sich durch ein rotes Fruchtfleisch auszeichnen. Frisch sind sie kaum genießbar, aber als Likör oder Marmelade munden sie vorzüglich.

Kulturpfirsich

Rekord aus Alfter

Im Nutzpflanzengarten des Botanischen Gartens der Universität Bonn bemüht man sich um alte Gemüse- und Obstsorten, so auch um den „Rekord aus Alfter" (*Prunus persica* cv. *'Rekord aus Alfter'*). Diese Sorte entstand aus dem Pfirsich „Roter Ellerstädter", der auch als „Kernechter vom Vorgebirge" bekannt ist. Die Sorte „Rekord aus Alfter" wurde in den 30er Jahren durch eine Baumschule aus Alfter gezüchtet.

Wie auch in den anderen Teilen Deutschlands war der Pfirsichanbau für die Bauern im Vorgebirge eine Nebenkultur. Inzwischen hat man sich hier auf den Gemüseanbau spezialisiert, so dass die Sorte nur noch in Hausgärten zu finden ist. Der „Rekord aus Alfter" unterscheidet sich von anderen Sorten durch die frühe Reifezeit, seine Robustheit und die schöne Färbung. Der Baum produziert sehr große, schön ausgefärbte Früchte. Ihr Stein lässt sich gut lösen. Die Sorte hat ein ansprechendes Pfirsicharoma, schmeckt aromatisch-saftig mit feiner Säure. Das Fruchtfleisch ist gelblichweiß, etwas faserig.

Platane

Platane auf dem Stephansberg, Meckenheim

Platanen spielte bereits in der Antike eine wichtige Rolle. Ihren Namen verdanken sie der griechischen Bezeichnung *plátanos* (*platys* = breit), was sich sowohl auf das Blatt als auch auf den Wuchs bezieht. Bereits im alten Griechenland wurden Platanen in den Städten angepflanzt – schon damals hat man ihre Eignung als Stadtbaum erkannt. Und bis heute sind viele Stadttraßen von mächtigen Platanenalleen gesäumt.

Platanen sind die einzige Gattung *Platanus* aus der Familie der Platanengewächse (*Platanaceae*), die mit acht Arten in der Nordhemisphäre verbreitet sind, davon zwei Arten in Europa und zwei Arten in Amerika. Es handelt sich überwiegend um Laub abwerfende Bäume, deren Borke auch alljährlich in dünnen Platten abblättert, wodurch der Stamm ein mosaikartig weißlich-grünliches Aussehen erhält. Es sind lichtbedürftige Arten, die sich an Bächen, Flüssen und in Auenwäldern ansiedeln.

Unter den ohnehin schon widerstandsfähigen Platanen verbreitete sich vor 200 Jahren in England die Ahornblättrige Platane (*Platanus x hispanica*) als Arthybride, die noch genügsamer ist und vor allen Dingen dem heutigen Stadtklima mit all seinen Emissionen gewachsen ist. So sind in London bereits über vier Fünftel der Straßenbäume Ahornblättrige Platanen, was die Gefahr sich epidemieartig verbreitender Pflanzenkrankheiten erhöht.

Die Ahornblättrige Platane erreicht Wuchshöhen von 30 Metern. Ihre Krone ist rundlich bis breit gewölbt. Moderne Züchtungen haben auch pyramidenförmige Wuchsformen hervor-

Blatt einer Platane

Denkmalgeschützte Platanen an der Brunnenallee in Bad Godesberg

gebracht, was ihre Eignung als Stadtstraßenbaum weiter erhöht. Das Laub ist drei- bis fünflappig – eben dem des Ahorns sehr ähnlich. Die Blüten erscheinen zusammen mit dem Laub meist zu zweit an einem sechs bis acht Zentimeter langen Stiel. Die männlichen Blüten sind grünlich-gelb und klein, die weiblichen karminrot. Die Sammelfrüchte sind kugelig, hängen an den Stielen und bleiben bis zum Frühjahr am Baum. Das Holz der Platanen wird für Möbel, Furniere und Intarsien verwendet.

Die anspruchslose Ahornblättrige Platane braucht mäßig feuchte bis trockene, durchlässige Böden, die sandig, lehmig oder kalkig sein können. Selbst in heißen Straßenschluchten kommen sie zurecht. Ihre Schnittverträglichkeit macht sie zu einem attraktiven Promenadenbaum, deren Schirmkrone dachförmig zugeschnitten wird. Prächtige Platanenalleen gibt es auch in Bonn. So ist die Burgstraße in Bad Godesberg von imposanten Platanen ebenso gesäumt wie die Meckenheimer Allee von der Kreuzung Baumschulallee am Hotel Kurfürsten bis zum Poppelsdorfer Schloss.

Als Baumdenkmäler sind folgende Ahornblättrigen Platanen aufgelistet:

■ Eine 170jährige Platane mit 3,75 Meter Stammumfang auf dem Alten Friedhof auf dem Rondell vor dem Grab Kaufmann.

■ Ein weiteres 30 Meter hohes und möglicherweise 150jähriges Exemplar mit fast sechs Metern Stammumfang im Park des ehemaligen Bundeskanzleramtes, Adenauerallee 141.

■ Verschiedene 80 bis 100jährige Platanen mit fast drei Metern Stammumfang in Bonner Privatgärten, so in der Kaiserstraße und in der Breiten Straße und im Innenhof der Beethovenhalle; ein weiteres Exemplar auf dem Gelände der Universitätsklinik auf dem Venusberg.

■ Bemerkenswert ist die 180jährige Platane in der Austraße mit einem Stammumfang von 3,7 Metern.

■ Die acht 40 Meter hohen Platanen in der Brunnenallee am Draitschbrunnen in Bad Godesberg drei bis dreieinhalb Metern auf.

■ Fünf 30 Meter hohe Platanen in Königswinter-Heisterbacherrott an der L 268 vor dem „Haus Schlesien", die 160 bis 190 Jahre alt sind. Sie gruppieren sich halbkreisförmig zur Straße hin. Von der Bank in ihrer Mitte hat man einen schönen Blick auf das Gebäude des ehemaligen Fronhofes sowie die kleine, daneben gelegene Kapelle nebst Weiher.

ROBINIE

Robinie an der Dechant-Kreiten-Strasse, Meckenheim

Der wissenschaftliche Gattungsname der Robinie (*Robinia pseudacacia*) weist auf den Franzosen Jean Robin hin, der diesen Baum im Jahre 1601 erstmals aus dem Osten Nordamerikas nach Europa brachte, im Glauben, dass es sich um eine echte Akazie handelt. Aber Robins Landsmann, J. P. de Tournefort (1656-1708) erkannte, dass es sich bei dem eingeführten Baum wegen zu großer Unterschiede im Blütenbau um keine „echte" Akazie handeln konnte und gab ihm den bis heute gültigen botanischen Namen.

Die Robinie erwies sich als recht robust und war bereits im 17. Jahrhundert weit über Europa verbreitet. Sie liebt nährstoffreiche, lockere Böden, durchwurzelt sie stark und festigt sie dadurch vor allem an Hängen. Weil sie anspruchslos und gleichermaßen „industriefest" ist, wurde sie an vielen Bahneinschnitten als Böschungsfestiger angepflanzt. Selbst an Tunneleingängen ging der Baum in der Dampflokomotivenzeit nicht ein. Ein Beispiel dieser Bahndammbepflanzung findet man an der nie fertig gestellten Militärbahntrasse ins Ahrtal oberhalb von Ahrweiler.

Die Robinie, die wegen ihrer Geschichte auch Scheinakazie genannt wird, erreicht Höhen von 15 bis 25 Metern. Ihr Wuchs ist locker und breit gewölbt, später schirmförmig. Das Laub ist unpaarig gefiedert und trägt eine späte gelbe Herbstfärbung. Die Blütezeit der hängenden weißen Trauben reicht von Mai bis Juni – sie verströmen einen wohlriechenden Duft, der ihr Umfeld umgibt. Wenn man zu dieser Zeit von der Kreuzbergkirche abwärts geht, weht einem

Robinien-Blütentraube

dieser betörende Duft vom Robinienbestand linkerhand vom Wiesenrand herüber. Übrigens ist die Robinie bei Bienenzüchtern wegen des Nektarreichtums ihrer Blüten beliebt. Die Früchte reifen bis zum Winter in braunen Hülsen und springen dann auf.

Das Robinienholz ist fest, hart, zäh, aber biegsam. Hellgelbes Splintholz umgibt den oliv- bis dunkelbraunen Kern. Vielseitig wird das Holz im Innen- und Außenbau verwendet.

Die Robinie wird als Allee- und Parkbaum gepflanzt. Landschaftsgärtner haben vielerlei Gartenformen geschaffen, die farbliche (goldgelbe Belaubung) oder formenreiche (Kugelform) Akzente setzen. Als Beispiel sei hier die Form *Robinia pseudoacacia 'Frisia'* (= Gold-Akazie) genannt, die zwölf bis fünfzehn Meter hoch wird, goldgelb durchscheinende, unpaarig gefiederte Blätter hat. Ihre weißen, stark duftenden Blüten hängen in Trauben. Gern wird die Gold-Akazie in Parkanlagen und Gärten gepflanzt. Heute ist die Robinie ist eine der am weitesten verbreiteten „Fremdländer" in Deutschland und Europa. Es gibt sogar ausgedehnte Waldflächen in Rumänien und Ungarn.

Während „Akazienhonig", der eigentlich Robinienhonig heißen müsste, ein begehrtes Nahrungsmittel ist, sind Samen und Früchte sowie Blätter und Rinde der Robinie giftig.

Im Baumbestand des Rodderberges nördlich des Broichhofes sind unter anderem einige 100 Jahre alten Robinien als Baumdenkmal geschützt.

Blattwerk einer Robinie

Dorn einer Robinie

TROMPETENBAUM

Trompetenbaum in einem Meckenheimer Vorgarten

Die Trompetenbäume (*Catalpa*) gehören zur Gattung der Trompetenbaumgewächse innerhalb der Familie der Rachenblütler (*Scrophulariaceae*). Die meisten der elf Arten dieser Gattung stammen aus Nordamerika, woher sie auch ihren Gattungsnamen nach der indianischen Bezeichnung Katalpa erhielten. Inzwischen wurden auch weitere Arten in China und Tibet gefunden. Einzelne Trompetenbaumarten werden in Europa als dekorative Ziergewächse in Parks und Gärten angepflanzt. Am weitesten verbreitet darunter ist der auch Zigarrenbaum genannte Trompetenbaum *Catalpa bignonioides*. Im Bonner Raum ist er wegen seiner überquellenden Blütenfülle und der ungewöhnlich großen Blätter in Vorgärten nicht zu übersehen.

Der Trompetenbaum ist ein bei uns nur knapp zehn Meter hoch werdender Baum mit kurzem, dickem Stamm und breit gewölbter, rundlicher Krone aus weit ausladenden Seitenästen. Die zehn bis zwanzig Zentimeter großen Blätter stehen gegenständig, sind kurz zugespitzt, oberseits frischgrün, auf der Unterseite hellgrün und mehr oder weniger dicht kurz und weiß behaart. Sie riechen unangenehm beim Zerreiben. Im Herbst färben sich die Blätter hellgelb. Insgesamt treibt er seine Blätter im Frühjahr spät aus und verliert sie im Herbst früh – was ihm auch die spöttische Bezeichnung „Beamtenbaum" (= kommt spät, geht früh) eingebracht hat. Die auffallenden Blüten stehen in großen, langen, locker und reich verzweigten, aufrechten Rispen. Die in der Grundfarbe weißen Einzelblüten zeigen innen gelben Streifen und purpurne Flecken. Diese so genannten Saftmale dienen dem Anlocken von Insekten. Von den über Winter haftenden Fruchtschoten rührt die Bezeichnung Zigarrenbaum her. Sie sind 40 Zentimeter lang und an beiden Enden mit haarig ausgefransten Büscheln versehen. In dieser Kapsel befinden sich zahlreiche, flache Samen.

Ein 120jähriger Trompetenbaum mit dreieinhalb Meter Stammumfang im Park der Villa Carstanjen steht im Übrigen unter Denkmalschutz. Vor dem Poppelsdorfer Schloss steht die aus China stammende Art *Catalpa ovata*. Sie ist genauso Spätfrost gefährdet wie *Catalpa bignonioides*. Beide Arten wachsen auch im Botanischen Garten Bonn, letztere ebenfalls vor der Mensa Endenicher Allee und am Parkplatz Rheinaue. Zahlreiche Gartenformen zieren Vorgärten, oft kugelförmig ('Nana') oder gelb/goldblättrig ('Aurea'), die besonders schön als Solitäre wirken.

Früchte des Trompetenbaums

TULPENBAUM

Tulpenbaum im Botanischen Garten

Der zu den Magnoliengewächsen (*Magnoliaceae*) zählende sommergrüne Tulpenbaum (*Liriodendron tulipifera*) hat seine Heimat in Nordamerika. Dort ist er ein forstwirtschaftlich wichtiger Baum, der meist im Uferbereich, an feuchten Standorten oder in höheren Lagen im Laubmischwald wächst. Er ist von stattlichem Wuchs, wird an die 40 Meter hoch, in seiner Heimat auch bis zu 60 Meter. Sein Stamm geht bis weit in den Wipfel hinauf, die Hauptäste streben bogig nach oben, die im unteren Bereich weit überhängen, so dass der Baum eine kegelförmige dichte Krone erhält. Bäume mit einem Alter von 400 bis 500 Jahren sind hier nicht selten.

Die Blätter des Tulpenbaums ähneln fast denen des Ahorns. Auffällig ist, dass sie an der Spitze wie abgeschnitten aussehen. Bis in den November hinein bleiben sie am Baum hängen, wobei sie bereits lange vorher eine goldgelbe Farbe angenommen haben.

Doch am prächtigsten am Tulpenbaum sind seine Blüten, die er ab seinem 20sten Lebensjahr zeigt. Im Gegensatz zu den ihm verwandten Magnolien treten seine Blüten erst spät im Frühsommer, etwa ab Juni, auf. Doch befinden sich die grüngelblichen Blüten mit orangeroten Saftmalen meist so weit oben im Baum, dass sie zwischen den Blättern leicht übersehen werden können. Die tulpenförmige Gestalt der Blüten gab dem Baum seinen Namen.

Die Früchte sind geflügelte, einsamige Schließfrüchte. Sie stehen in einem knospenartigen, zapfenförmigen Fruchtstand, der bei der Reife im Frühjahr zerfällt.

Aufgrund seines imposanten Erscheinungsbildes und wegen der großen, attraktiven Blüten sowie der prächtigen Herbstfärbung findet man den Tulpenbaum auch außerhalb seines natürlichen Areals als Park- und Zierbaum. In Europa wurde 1663 der erste Tulpenbaum angepflanzt.

Ein denkmalgeschützter 100jähriger Tulpenbaum mit fast drei Metern Stammumfang steht vor dem Hauptgebäude auf der Viktorshöhe.

Im Rheinland gab es vor mehreren Jahren Versuche, den Tulpenbaum auch forstlich anzubauen. Klima und Böden waren dafür gut geeignet und die Kulturen machten gute Fortschritte - bis die damals noch zahlreichen Wildkaninchen die neue Nahrungsquelle entdeckten. Einem nach dem anderen fraßen sie Rinde und Kambium ab, so dass alle Versuchsanlagen im damaligen Forstamt Ville dem Kaninchenfraß zum Opfer fielen.

Blüte des Tulpenbaums

ARAUKARIE

Araukarie im Botanischen Garten

Die Araukarie, auch Chilenische Araukarie oder Andentanne genannte Schmucktanne (*Araucaria araucana*) ist in den chilenischen und argentinischen Hügellandschaften sowie vulkanischen Hängen bis über 1500 Meter Höhe beheimatet. Fossile Funde verwandter Arten der heutigen Araukarien datieren in das Erdzeitalter des Jura vor 180 Millionen Jahren zurück, so dass die Familie der *Araucariaceae* zu den ältesten Baumfamilien der Welt zählt. Der erste Baum wurde 1705 nach Europa eingeführt. Heutzutage findet man Araukarien in vielen wintermilden Parks und Gärten. Durch die andauernde Kälte im Winter 2008/09 haben viele Araukarien in Bereichen außerhalb des Rheintals oder der Voreifel starke Frostschäden erlitten, die teilweise zum Absterben führten. Im Bonner Raum ist sie aber nach wie vor in Gärten und Anlagen, so auch im Botanischen Garten zu sehen.

Araukarien sind langsamwüchsig. Sie benötigen feuchte und tiefgründige Böden. Ihr gerader, durchgehender Stamm bildet im Alter eine breite schirmartige Krone aus. Normalerweise werden sie zehn bis fünfzehn Meter hoch, in ihrer südamerikanischen Heimat in Einzelfällen bis 50 Meter. Als Solitärbaum bleiben sie lange Zeit bis zum Boden beastet. Die stehen fast waagerecht, in Etagen zu fünf bis sieben Quirlen vom Stamm ab. Ihre bis fünf Zentimeter langen, dreieckigen Nadeln sind dachziegelartig angeordnet, scharfkantig zugespitzt und stechend.

Araukarien sind meist zweihäusig, d.h. männliche und weibliche Blüten bilden sich an unterschiedlichen Exemplaren. Die männlichen Bäume werden 18 Meter, die weiblichen bis 50 Meter hoch. Die männlichen Blüten hängen herab, sind walzenförmig, zapfenartig, braun und bis zwölf Zentimeter lang. Die weiblichen Blüten treten in runden, gelbgrünen Zapfen mit zurückgebogenen Deckschuppen auf. Die weiblichen Blüten entwickeln nach der Befruchtung einen großen Zapfen mit einem Durchmesser von 15 bis 20 Zentimetern und erreichen damit die Größe einer Kokosnuss. Sie zerfallen nach einer Reifezeit von drei Jahren. In den Zapfen reifen die vier bis fünf Zentimeter langen und zwischen 1,5 und zwei Zentimeter breiten, essbaren Samen, die von den Chilenen als *piñones* (= Pinienkerne) bezeichnet werden

Die südamerikanische Araukarie ist mit unserer Zimmertanne *Araucaria heterophylla* verwandt.

Männliche Blüte der Araukarie

DOUGLASIE

Douglasie auf dem Gelände von Burg Heimerzheim

Die Douglasfichte oder auch Douglastanne genannte Douglasie (*Pseudotsuga menziesii*) wurde nach dem schottischen Gärtner und Botanik-Autodidakten David Douglas benannt, der diesen Baum 1827 auf seiner ersten Forschungsreise aus seiner nordwestamerikanischen Heimat nach Europa brachte – eigentlich muss man von „zurückbringen" sprechen, denn diese Baumart war im Erdzeitalter des Tertiär auch in Europa verbreitet, starb aber im Laufe der Eiszeit hier aus. Vor allem wegen ihrer hohen Wuchsleistung ist die Douglasie in größerem Umfang wieder bei uns in den Wäldern angepflanzt worden, Allein in Nordrhein-Westfalen gibt es inzwischen 8.800 Hektar Douglasienfläche in der Eifel, im Kottenforst und etwa auch in Westfalen-Lippe, darüber hinaus gibt es Flächen an der Ahr, im Moseltal und im rheinland-pfälzischen teil der Eifel. Am besten geeignet für die Anpflanzung in Deutschland sind Douglasien aus der Kaskadenkette Nordwashingtons und dem Süden Britisch-Kolumbiens. Inzwischen stehen einige knapp 100jährige Douglasien gegenüber dem Forsthaus Schönwaldhaus, zwischen dem Jägerhäuschenweg und dem Birkenjagdweg. Eine weitere geschützte, schön gewachsene 80jährige Douglasie steht im Redoutenpark.

Douglasien sind eine Gattung der Kieferngewächse (*Pinaceae*) mit sieben Arten, davon zwei Arten aus Nordamerika und fünf Arten aus Ostasien. Die Douglastanne darunter ist ein schnellwüchsiger Baum mit geradem, durchgehendem Stamm, der in seiner Heimat zu den größten Bäumen zählt

Nadeln der Douglasie

und bis 100 Meter hoch werden kann, bei uns 30 bis 40 Meter. Sie entwickelt mit ihren verzweigten, ansteigenden Ästen eine spitz kegelförmige Krone. In der Jugend ist die Rinde der Douglasie glatt und mit Harzblasen überzogen, später tief rissig. Die blaugrünen Nadeln stehen einzeln spiralig um den Ast, sind kurz und vierkantig. Unterseits zeigen sie zwei schmale Spaltöffnungen. Die Blüten treten im Mai auf, die ein bis zwei Zentimeter langen Zapfen sind anfangs grün, im reifen Zustand mattbraun. Die Deckschuppen der Zapfen ragen wie bei der Tanne über die Samenschuppen hinaus und sind an der Spitze dreizipflig. Zur Reifezeit fallen sie wie bei der Fichte als Ganzes ab.

Es gibt zwei Unterarten der Douglasie, die auch Colorado-Douglasie genannte Gebirgsdouglasie

Douglasien-Zweige

(*Pseudotsuga menziesii* var. *glauca*) sowie die Küstendouglasie (*Pseudotsuga menziesii* var. *menziesii*), die überwiegend in Deutschland angebaut wird.

Die Douglasie hat sich wegen ihrer Holzeigenschaften längst zu einem wichtigen Waldbaum entwickelt. Ihr Feuchtigkeitsbedarf ist geringer als der der Fichte, auch ist sie Kalk verträglicher. Nach den Zweiten Weltkrieg wurde sie zur schnellen Holzgewinnung verstärkt vor allem auf den kühlen Höhen der Eifel, des Westerwaldes und im Hunsrück angepflanzt. Douglasienholz, bekannt unter dem Handelsnamen „Oregon Pine", ist gleichwertig mit dem der Fichten, Tannen und Kiefern und genauso für Haus- und Schiffbau wie für Tischlerarbeiten geeignet. Ein herausragendes Bauholzbeispiel stellt der Museumsbau der Römervilla bei Ahrweiler dar – es ist eine freitragende Holzkonstruktion, für die 1.500 Kubikmeter Douglasienholz zum Einsatz kamen.

Douglasien-Zapfen

GINKGO

Ginkgo im Park der Burg Endenich

Der urtümliche Ginkgo ist der letzte Vertreter einer Pflanzengruppe, die vor 200 Millionen Jahren weit verbreitet und bis vor 40 Millionen Jahren auch bei uns heimisch war. Während der Eiszeiten wurde der Ginkgo in die Bergwälder Chinas zurückgedrängt. Heute gibt es nur noch eine Art der Gattung: *Ginkgo biloba*. Er gilt als lebendes Fossil unter den Pflanzen. Er zählt wie die heutigen Nadelbäume zu den Nacktsamern (*Gymnospermae*), und wird den Palmfarnen (*Cycadeen*) zugerechnet, ähnelt aber eher Laubbäumen der Pflanzengruppe der Bedecktsamer. Sein Name leitet sich von seiner chinesischen Bezeichnung *Yín Xìng* (= Silberne Aprikose) ab.

Der reizvolle Ginkgo-Baum mit seiner kegelförmigen Krone und den sommergrünen, fächerförmigen Nadeln, die wie eingeschnittene Blätter aussehen und sich im Herbst auffallend gelb verfärben, hat schon immer die Menschen angesprochen und wurde schon vor über 1.000 Jahren in japanischen und chinesischen Tempelgärten angepflanzt. Seit 1730 ist er auch in Europa als Schmuckbaum eingebürgert.

Der zweihäusige Ginkgo blüht im April/Mai zusammen mit dem Austrieb. Die kugelige Frucht ist gelb. Doch ist Vorsicht vor weiblichen Bäumen geboten, da abgefallene und zertretene Früchte übel riechen.

In der Medizin werden Ginkgoblätter und –samen verwendet. Die Blätter dienen der Kreislaufverbesserung, in der chinesischen Medizin gegen Durchblutungsstörungen.

Ginkgobäume sind inzwischen in verschiedenen Bonner Parks, so auch in einer männlich/weiblichen Pfropfung im Botanischen Garten, etwa auch am Geologischen Institut der Universität, im Garten des Museums König, in der Allee am Kleinen Theater Bad Godesberg und in Privatgärten zu finden. Unter ihnen sind einige als Baumdenkmal geschützt:

■ Verschiedene 70jährige, niedrig wüchsige Ginkgobäume im Botanischen Garten.

■ Verschiedene 60-80 Jahre alte Ginkgobäume im Park der Villa Hammerschmidt mit Umfängen bis zu 2,20 Metern.

■ Ein 20 Meter hoher, 100jähriger Ginkgobaum im Park der Redoute, der einen Umfang von 4 Metern und einen Durchmesser von 145 Zentimetern hat.

■ Ein 18 Meter hoher, weiblicher Ginkgobaum im Bad Godesberger Stadtgarten, 80 Jahre alt und mit einem Umfang von 2,70 Metern.

■ Ein weiterer 80-100 Jahre alter Ginkgobaum im Vorgarten des Privathauses Oberkassel, Hauptstraße 233, der 18 Meter hoch ist und 1,85 Meter Durchmesser hat.

Johann Wolfgang von Goethe, Deutschlands prominentester, klassischer Dichter, weilte 55jährig bei schlechter Gesundheit im Jahre 1805 in Harbke westlich von Magdeburg bei der Familie von Veltheim, um sich dort zu erholen und auch um deren berühmten Schlosspark zu besichtigen. An der kleinen Kirche im Schlosspark stand – und steht – ein zu Beginn der zweiten Hälfte des 18. Jahrhunderts gepflanzter Ginkgo, zur damaligen Zeit eine große botanische Seltenheit.

Wie Goethe seinem Mäzen, Carl-August Herzog von Weimar, berichten konnte, handelte es sich bei diesem Exemplar um ein besonderes Unikum, das sowohl männliche als auch weibliche Blüten trägt, obwohl es sich um eine zweihäusige Pflanze handelt. Tatsächlich hatte man dem männlichen Baum zur Fruchtbildung einen weiblichen Ast aufgepfropft. Diese Einheit aus beiden Geschlechtern hatte Goethe wohl lange beschäftigt, denn erst zehn Jahre später verfasste er ein Gedicht dazu:

Dieses Baumes Blatt,
der von Osten
Meinem Garten anvertraut,
Giebt geheimen Sinn zu kosten,
Wie's den Wissenden erbaut.

Ist es ein lebendig Wesen,
Das sich in sich selbst getrennt?

Sind es zwey, die sich erlesen,
Daß man sie als eines kennt?

Solche Fragen zu erwiedern
Fand ich wohl den rechten Sinn.
Fühlst du nicht an meinen Liedern,
Daß ich Eins und doppelt bin?

Goethe (1749-1832) widmete sein Ginkgo-Gedicht seiner späten Liebe Marianne von Willemer (1784-1860). Wegen seiner Form symbolisierte für Goethe das Ginkgo-Blatt die Freundschaft. Auf die Reinschrift des Gedichtes, das 1819 im „West-Östlichen Diwan" erschien, klebte er zwei Ginkgo-Blätter.

Der Ginkgo an der Kirche von Harbke zählt zu den ältesten Exemplaren seiner Art in Deutschland. Der bekannteste aller Gingko-Bäume wurde 1813 von Herzog Carl-August gemeinsam mit Goethe in Weimar gepflanzt. Heute stehen über hundert Ginkgo-Bäume in Weimar!

Ginkgo-Frucht

Japanische schirmtanne

Japanische Schirmtanne auf dem Poppelsdorfer Friedhof

Die immergrüne Japanische Schirmtanne (*Sciadopitys verticillata*) nimmt eine Sonderstellung unter allen Pflanzen ein – sie ist die einzige Art der Gattung *Sciadopitys*, und diese ist wiederum die einzige Gattung der Schirmtannengewächse (*Sciadopityaceae*) innerhalb der Familie der Sumpfzypressengewächse (*Taxodiaceae*). In ihrer japanischen Heimat gilt die Schirmtanne als heilig und wird als Tempelbaum verehrt. Übrigens waren „Vorfahren" der Schirmtanne bis zum Erdzeitalter des Tertiär auch in Deutschland heimisch und sind in Braunkohleschichten des rheinischen Reviers nachgewiesen.

Schirmtannen sind anspruchsvolle Bäume und verlangen frische, feuchte, durchlässige, eher saure Böden mit guter Nährstoffversorgung. Sie haben sich sehr gut an unser europäisches Klima angepasst und sind winterhart. Andauernde kalte Winterwinde müssen aber gemieden werden. Mit ihrem schlanken, pyramidalen Wuchs und den schirmartig abgespreizten, bis zu zwölf Zentimeter langen, weichen, glänzend dunkelgrünen Nadeln sind sie eine Zierde für Gärten und Parks.

Schirmtannen werden in ihrer Heimat 35 Meter, bei uns nur als Zierbaum gepflanzt höchstens zehn Meter hoch. Sie sind langsamwüchsig, bilden oft mehrere Stämme aus und sind ausladend verzweigt. Ihre dicke rötlich-braune Borke ist zunächst glatt, später rau, die Rinde der Zweige orange-braun. Die eiförmig länglichen Zapfen sind graubraun.

Die forstliche Bedeutung der Schirmtanne ist selbst in Japan rückläufig. Vielfach wird sie durch schneller wachsende Holzarten ersetzt. Ihr elastisches Holz nutzt man gern zum Bootsbau, da es sehr widerstandsfähig gegen Wasser ist.

Im Botanischen Garten der Universität, auf dem Poppelsdorfer Friedhof, im Härlepark und gelegentlich in Vorgärten ist die Japanische Schirmtanne als ungewöhnlicher Nadelbaum mit seinem exotischen Aussehen zu bestaunen.

Noch geschlossene Zapfen der Japanischen Schirmtanne

MAMMUTBÄUME

Mammutbäume im Jakob-Wahlen-Park am Himmelsberg in Alfter

Drei verschiedene Arten der Mammutbäume aus der Pflanzenfamilie der Sumpfzypressengewächse (*Taxodiaceae*) wachsen auch in Bonn und Umgebung. Überhaupt sind sie im Rheinland verbreitet. Im Zuge des Klimawandels werden sie nicht mehr nur als Zier- und Parkbaum sondern auch als Waldbaum interessant. Es sind einmal der Küstenmammutbaum (*Sequoia sempervirens*), der Riesenmammutbaum (*Sequioadendron giganteum*) und der Urweltmammutbaum (*Metasequoia glyptostroboides*), die jeweils einer eigenen Gattung als einzige Art angehören. Es handelt sich bei diesen Bäumen um erdgeschichtlich uralte Arten, die bereits in der Karbonzeit aufgetreten sind. Mit der im botanischen Namen enthaltenen Bezeichnung „Sequoia" wird der Indianer Sequoiah geehrt, der für seinen Stamm im 18. Jahrhundert eine Laut-Silbenschrift entwickelt hat.

Küstenmammutbaum

Die einhäusigen sommergrünen Küstenmammutbäume, der Redwood der Amerikaner, sind auf einem 750 Kilometer langen Streifen an der Pazifikküste Nordamerikas nur auf der Seeseite der Küstengebirge Oregons bis Mittelkalifornien beheimatet. Leider wurden große Flächen der natürlichen Vorkommen rigoros dezimiert, da das begehrte Holz vielseitig nutzbar ist. Das derzeit höchste noch lebende Exemplar im Redwood Nationalpark der USA weist eine Stammlänge von 115,55 Metern auf.

An Schattentrieben tragen Küstenmammutbäume ein bis zwei Zentimeter lange, an der Oberseite grüne bis graugrüne Nadeln, die nach vier Jahren abfallen. Im besonnten Teil der Krone treten sommergrüne, sechs Millimeter lange Schuppenblätter auf. Männliche und weibliche Blüten entwickeln sich an Kurztrieben. Nach Windbestäubung im Februar/März werden aus den weiblichen Blütenzäpfchen die eiförmigen bis kugeligen nur drei Zentimeter langen und etwa zwei Zentimeter breiten Fruchtzapfen, die den winzigen Samen enthalten. Sie fliegen noch im ersten Jahr aus dem reifen braunen Zapfen aus, sobald er sich geöffnet hat. Die Vermehrung der Bäume kann auch durch Stockausschlag und Wurzelbrut erfolgen. Das Holz ist Pilz- und Insekten-, ja sogar Termitenresistent. Die im Alter dicke, weiche Borke des lebenden Baumes wird von den Buschbränden nicht entflammt.

Riesenmammutbaum

Der einhäusige, immergrüne Riesenmammutbaum (= Bergmammutbaum) wächst in der Sierra Nevada und bedeckt hier ein Areal von etwa 70 Quadratkilometern. Bevorzugt werden die isolierten, tiefen Talschluchten, die auch während trockener Sommer über genügend Feuchtigkeit und Wasser verfügen. Riesenmammutbäume können über mehrere tausend Jahre alt und bis hundert Meter hoch werden. Beeindruckend ist ihr säulenförmiger Wuchs: Die Stämme haben einen bis 50 Meter hohen astfreien Schaft und über den Wurzelanläufen einen Stammdurchmesser von bis zu zehn Metern. Auch bei dieser Art schützt die bis zu 50 Zentimeter dicke pappige Borke vor den dort häufigen Waldbränden.

Die Benadelung der Riesenmammutbäume besteht aus schmalen spitzen Schuppenblättern. Spiralförmig sind die Nadeln am Zweig angeordnet, die an älteren Trieben dunkelgrün sind, mit dem sie nach drei bis vier Jahren abgeworfen werden. Die unscheinbaren grünen weiblichen Blüten werden fast einen Zentimeter lang und stehen wie die bis zehn Millimeter langen gelben männlichen Blüten an den Zweigenden. Nach der Bestäubung im April/Mai entwickelt sich der eiförmige Fruchtzapfen von etwa sechs bis acht Zentimetern Länge und bis zu fünf Zentimetern Breite. Im zweiten Jahr vollständig ausgebildet, öffnen sich die verholzten Zapfenschuppen nach Austrocknung und entlassen so die drei bis sechs Millimeter lang geflügelten Samen. Waldbrände können die Öffnung der Zapfen beschleunigen.

Seit 1890 stehen in den USA in den Yosemite und General Grant Nationalparks auf 70 Quadratkilometern die Riesenmammutbäume unter strengem Schutz, speziell in den so genannten Groves, den dort tief eingegrabenen Schluchten.

Die Riesenmammutbäume haben für ihre fast unglaubliche Länge eine erstaunlich geringe Wurzeltiefe von nur 0,75 bis etwa drei Meter. Um den massigen Stamm zu halten verfügen sie jedoch über eine sehr weit streichende Horizontalwurzelmasse.

Das Holz des Riesenmammut-

Riesenmammutbaum im Botanischen Garten

Küstenmammutbaum im Härle-Park

baumes ist weicher, spröder, weniger fest und grobfaseriger als das der Redwoods. Aber es ist vielseitiger verwendbar als Bau- und Furnierholz. Inhaltsstoffe, wie natürliche ätherische Öle, verschiedene Harze und eingelagertes Tannin machen es widerstandsfähig und haltbar. Dazu kommt die Farbe von Kern (rötlich bis rotbraun) und Splint (gelb) - gern verwendet im Innenausbau.

Erst seit 1850 werden die Zapfen gesammelt und in Europa ausgesät. In Deutschland wurden 1866 erstmals Sämlinge gezogen, 1868 im Exotenwald von Weinheim an der Bergstrasse Bestände angelegt. Nur wenig später erfolgten Pflanzungen im Rheintal zwischen Düsseldorf und Bonn. Der Riesenmammutbaum wächst auch im Stadtbereich von Bonn und im Bonner Umland – nicht nur in Botanischen Gärten, Schlossparks und Anlagen. So beispielsweise im Redoutenpark, an der Brücke zum Theater im Park, im Park an der Kreuzbergkirche, in der Innenstadt, am Rande des Kottenforstes zum Pecher Feld und natürlich kann man ihn im Botanischen Garten der Universität bewundern.

Verhältnismäßig spät fand die deutsche Forstwirtschaft ihn anbauwürdig. Dabei haben auch private Waldbesitzer großen Anteil und nicht zuletzt die Familie Martin, die bei Kaldenkirchen am Niederrhein eine Sequoia-Farm gründeten. Ihnen gelang es, die Anzucht– und Anbaumethoden zu verbessern und für Deutschland geeignete Herkünfte aus Kalifornien bereitzustellen. Seit es den Züchtern gelungen ist, den Pilzbefall bei Jungpflanzen zu ver-

Nadeln des Küstenmammutbaums

Borke des Riesenmammutbaums

hindern, ist das Jugendwachstum problemlos.

Urweltmammutbaum

Der Urweltmammutbaum hat seine Heimat in Ostasien. Erst 1940 wurden von ihm fossile Teile beim Studium von Pflanzenfunden aus tertiären Tonablagerungen auf der japanischen Insel Honshu gefunden. Sensationell war ein Jahr später die Entdeckung einer noch lebenden Population dieses Baumes in der mittelchinesischen Provinz Huhpeh – damit entdeckte man ein lebendes Fossil, das Ähnlichkeiten mit dem Riesenmammutbaum aufwies und sich als Verwandter der Sumpfzypresse (*Taxodium distichum*) erwies. 1944 wurde Samenmaterial gesammelt und heute ist der Chinesische Mammutbaum wie er auch genannt wird, in Parkanlagen und Arboreten keine Seltenheit mehr. Imposant sind Urweltmammutbäume im Botanischen Garten in Bonn. Das älteste Exemplar wurde 1951 gepflanzt.

Der Chinesische Urweltmammutbaum ist laubabwerfend. Besonders auffällig ist sein sich nach oben verjüngender, am Stammfuß stark gefurchter Stamm. Der sehr schnell wachsende Baum, der Höhen von 30 bis zu 50 Metern maximal erreicht, ist in Mitteleuropa winterhart und lässt sich leicht durch Samen oder Stecklinge vermehren. Seine Knospen werden schon im März grün. Die gegenständigen Nadeln, die sie von der Sumpfzypresse mit ihrer wechselständigen Benadelung unterscheiden, sind im Mai voll entwickelt.

Viele der im Bonner Raum angepflanzten Mammutbäume stehen unter Denkmalschutz, so unter anderem:

■ Ein 25 Meter hoher und weit über 100jähriger Riesenmammutbaum mit einem Stammumfang von fünf Metern im Park des Instituts für Obstbau der Universität Bonn an der Straße Auf dem Hügel.

■ Ein fast 100jähriger Riesenmammutbaum mit fast vier Metern Durchmesser im Park der Villa Hammerschmidt, Adenauerallee 125.

■ Ein 25 Meter hoher, über 100jähriger Riesenmammutbaum in Kessenich Ecke Bonner Talweg / Reuterstraße.

■ Ein weiterer 25 Meter hoher, über 100jähriger Riesenmammutbaum auf dem Grundstück des Instituts für Frauenbildung, Baumschulallee 5.

■ Zwei 25 Meter hohe, an die 100jährige Riesenmammutbäume in den Vorgärten der Häuser der Siedlungsgesellschaften in der Malteserstraße.

■ Ein 100jähriger Riesenmammutbaum mit vier Metern Stammumfang im Park an der Mainzer Straße.

■ Ein 100jähriger Riesenmammutbaum im Park der ehemaligen

Villa Soennecken, Reuterstraße 2.

■ Ein knapp 100jähriger Riesenmammutbaum in Bad Godesberg im Privatgarten Augustastraße Ecke Plittersdorfer Straße.

Blütenzweige des Urweltmammutbaums (rechts) im Godesberger Redoutenpark

Der Urweltmammutbaum wächst inzwischen in Anlagen, Parks und Vorgärten. Vor 1940 wusste niemand etwas von seiner Existenz. Paläontologen kannten ähnliche Pflanzenreste aus tertiären Tonablagerungen, wie sie bei uns gelegentlich im Braunkohlenabbau gefunden wurden. Beim Studium fossiler Überreste einer tertiären Konifere entdeckte der japanische Wissenschaftler Miki, dass sich diese keiner Pflanzengattung zuordnen ließen. Er berichtete 1941 als Ergebnis seiner Untersuchungen, dass es sich möglicherweise um ein Bindeglied zwischen noch heute existierenden Pflanzengattungen handeln müsse und nannte diese *Metasequoia*. Noch im gleichen Jahr entdeckte der chinesische Professor Kan am Jangtsekiang ein Laub abwerfendes Nadelgehölz, was dort als Wasserlärche bezeichnet wurde. Drei Jahre später bereiste der chinesische Forstwissenschaftler Wang diese Landschaft. Von einem Baum nahm er Zweige und Zapfen mit. Diese ordnete er der Sumpfzypressen-Gattung *Glyptostrobus* zu, die mit nur einer Art in Südwestchina heimisch ist. Die chinesischen Botaniker Hu und Cheng vermuteten eine Verbindung zu der fossilen Gattung *Metasequoia*. 1946 rüstete Professor Cheng eine Expedition nach Südchina aus, die sein Assistent Hsueh führte. Während der Expedition fand man entsprechende Bäume und brachte Material von ihnen mit, das teilweise dem renommierten Arnold Arboretum/USA zugesandt wurde. Eine weitere Reise führte Hsueh in einen Bereich, in dem auf 800 Quadratkilometer über 1000 Bäume der Gattung *Glyptostrobus* wuchsen. Von allen wurde reichlich Samen geerntet und dieser teilweise den Sponsoren der Reise überlassen. Das Arnold Arboretum stellte es Botanischen Gärten zur weiteren Beobachtung in Amerika, Asien und Europa zur Verfügung. 1947 kam erstmals aus den Vereinigten Staaten Saatgut auch nach Deutschland.

Die Professoren Hu und Cheng publizierten ihre Forschungsergebnisse zur neu entdeckten *Metasequoia glyptostroboides* 1948. In den Jahren 1967 und 1968 wurde ein erster Zapfenansatz an den in Deutschland gezogenen Bäumen beobachtet. Der Samen daraus wurde ausgesät. Aber bereites 1952 bot eine Baumschule erste Jungpflanzen an, die aus Stecklingsvermehrungsgut stammten.

Zapfen des Urweltmammutbaums

SCHEINZYPRESSEN

Scheinzypresse am Haus Heisterbach in Flerzheim

Scheinzypressen (*Chamaecyparis*), die aus Nordamerika, Japan und Taiwan stammen, stellen eine immergrüne Pflanzengattung mit sechs Arten in der Familie der Zypressengewächse (*Cupressaceae*) dar. Insgesamt sind sie durch einen geradstämmigen kegelförmigen Wuchs gekennzeichnet. Sie ähneln den echten Zypressen, haben aber stärker abgeflachte Zweige und zweierlei schuppenartige Blätter sowie kleinere Zapfen, deren Samenreife früher erfolgt. Durch ihre Mutationsfreudigkeit konnten vielseitigste Gartenformen entwickelt werden, die sich in ihrer Erscheinungsform sehr unterscheiden. Die Wildformen spielen bei uns als Gartengehölz keine Rolle. Scheinzypressen werden mehrere hundert Jahre alt, in Taiwan steht ein 3.000jähriges Exemplar!

Lawsons Scheinzypresse (*Chamaecyparis lawsoniana*) ist die bei uns am weitesten verbreitete Art der Scheinzypressen, die nach dem schottischen Botaniker John Lawson benannt wurde. Es ist ein ein- oder mehrstämmiger Baum, der bei uns Höhen von 8 bis 15 Metern, in seiner nordamerikanischen Heimat von bis zu 67 Metern erreicht. Typisch sind die überhängenden Triebspitzen und die farnwedelartigen, in gleicher Ebene ausgerichteten Zweige. Die schuppenförmigen Nadeln sind verschiedenfarbig grün. Die kleinen braunen Zapfen sind kugelig. Ältere Bäume haben eine dunkelrotbraune Borke, die sich in Streifen ablöst und in Bodennähe bis zu 25 Zentimeter dick werden kann. An der Pazifikküste gilt die Art als einer der wichtigsten Waldbäume mit hochwertigem, vielseitig verwendbarem Holz.

Fruchtzapfen und Blüten einer Gartenform der Nootka-Scheinzypresse

Lawsons Scheinzypresse wird in ihrer Heimat bis zu 600 Jahre alt. In Mitteleuropa wurde sie versuchsweise als Waldbaum angebaut. Wichtiger sind jedoch die über 200 registrierten gärtnerischen Zierformen, die bei uns alle winterhart und Schatten ertragend sind.

Scheinzypresse, Hängeform

Andere Scheinzypressen, besonders deren Gartenformen, sind die Blaue Kegel-Zypresse (*Chamaecyparis lawsoniana 'Ellwoodii'*), ein langsam wachsender großer Strauch von eiförmigem Wuchs, der bis zum Boden beastet ist. Die Mähnen-Zypresse (*Chamaecyparis nootkatensis 'Pendula'*) ist eher langsam wachsend, erreicht aber eine Höhe von bis zu 15 Metern. Sie ist von breit ausladendem, unregelmäßigem Wuchs, attraktiv durch den Kontrast aus aufrechtem Stamm und herunter hängenden Zweigen. Die kleine Muschelzypresse (*Chamaecyparis obtusa 'Nana Gracilis'*) entwickelt eine kompakte rundliche Gestalt. Die Sawara-Scheinzypresse (*Chamaecyparis pisifera*), auch Erbsenfrüchtige Scheinzypresse genannt, stammt aus Japan. Diese Baumart bevorzugt Standorte mit nährstoffreichen Böden in niederschlagsreichen und luftfeuchten Gebirgslagen.

Zwei Scheinzypressen mit Standort in Bonn stehen unter Denkmalschutz,

■ Ein 70jähriges, 20 Meter hohes Exemplar (*Chamaecyparis lawsoniana*) mit einem Stammumfang von zweieinhalb Metern im Park der Villa Hammerschmidt.

■ Eine 60jährige, so genannte Lebensbaumzypresse im Garten des Hauses Adenauerallee 125, die 10 Meter hoch ist und einen Stammumfang von zwei Metern hat.

Spießtanne

Frischer Trieb mit Zapfen, oben: Vorjähriger Zapfen

Die Spießtanne (*Cunninghamia lanceolata*) gehört zur Familie der Sumpfzypressengewächse (*Taxodiaceae)*, in der sie drei ähnliche immergrüne Arten bildet, die alle aus Ostasien stammen, zwei davon aus Taiwan. Sie zählt zu den forstwirtschaftlich wichtigsten Bäumen in China, wo sie großflächig angepflanzt wurde. Der Naturforscher James Cunningham beschrieb sie 1702 erstmals.

Die Spießtanne ist in Mitteleuropa ein nicht sehr frostfester Nadelbaum von 25 bis maximal 30 Metern Höhe und einer Kronenbreite von zehn Metern. Sie ist von pagodenförmigem Wuchs. Ihre Rinde ist braun. Altbäume bilden eine dicke braunrote Borke, die sich in Placken bis zur Rinde ablöst. Die mehr oder weniger quirlständigen Äste stehen leicht aufwärts, die Zweigenden hängen leicht nach unten. Ihre glänzend grünen, lanzettlich-sichelförmigen Nadeln sind ledrig, bis fünf Zentimeter lang und spiralig angeordnet. Sie nehmen im Herbst einen rötlichen Schimmer an. Im April setzt die Blüte ein. Die kurzstieligen männlichen Blüten stehen gehäuft an der Spitze junger Zweige. Die weiblichen Blüten finden sich einzeln an den Triebenden. Sie bilden bereits im ersten Jahr kugelig-eiförmige Zapfen von drei bis vier Zentimeter Durchmesser mit ebenfalls ledrigen, unregelmäßig gezähnten Schuppen, die in einer stechenden Spitze enden. Das begehrte Holz der Spießtanne ist von bräunlicher Farbe, leicht, zäh und wetterfest und wird als Bauholz sowie für den Brücken- und Schiffbau und für Möbel verwendet.

Im Botanischen Garten der Universität Bonn stehen jüngere Exemplare der Spießtanne, ein älteres im Arboretum Härle Park in Oberkassel. Gelegentlich sieht man Spießtannen auch in Vorgärten. Optimal sind frische Böden für sie. Im Halbschatten zeigt die Spießtanne noch ein gutes, wenn auch langsames Wachstum.

Frische Triebe der Spießtanne mit unreifen Zapfen

Sumpfzypresse

Sumpfzypresse im Burggraben von Burg Heimerzheim

Die Sumpfzypresse (*Taxodium distichum*) ist ursprünglich im südöstlichen Nordamerika von Texas bis Florida verbreitet, wo sie der Charakterbaum der Swamps, der Everglades-Flachwassergebiete in Florida, ist. Die Gattung *Taxodium* war in den Erdzeitaltern des Oligozän und Miozän auch in Europa verbreitet. Sie ist neben den Mammutbäumen (*Sequoia*) wesentlich an der Braunkohle-Bildung beteiligt und im Kölner Raum nachgewiesen. In Europa wurden Sumpfzypressen schon 1640 eingeführt. Hier findet man sie als solitäre Schmuckbäume in Parks an oder sogar in stehenden Gewässern. Sie sind relativ kälteresistent, bedürfen aber zum Wachstum warme Sommer.

Sumpfzypressen sind langsam wachsende Bäume, die bis zu 700 Jahre alt und in Deutschland etwa 25 bis 30 Meter hoch werden können. Charakteristisch ist ihr gerader, sich nach oben verjüngender Stamm, was auch die Mammutbäume als seine nahen Verwandten kennzeichnet. Als Solitärpflanze sind sie bis zum Boden beastet und zeigen eine spitz kegelförmige Gestalt, im Alter mit abgerundeter Krone. Ihren Lebensraum bilden feuchte bis nasse, saure bis neutrale Sand-, Lehm- oder Tonböden, auch weniger nährstoffreiche und trockenere Böden dann, wenn ihre Pfahlwurzeln auf Grundwasser stoßen. Kalkhaltige Böden werden gemieden. Oft stehen ihre Stämme unmittelbar im Wasser. Genauso charakteristisch ist, dass sie hohle Knie- und Atemwurzeln ausbilden, die bis anderthalb Meter aus dem Wasser herausragen und wahrscheinlich dem Gasaustausch und der Verankerung im weichen Untergrund dienen.

Es gibt nur wenige Nadelbäume, die ihr Nadelkleid im Winter abwerfen. Die Sumpfzypresse ist gemeinsam mit dem Urweltmammutbaum (*Metasequoia glyptostroboides*) und den Lärchen eine davon. Ihre Nadeln sind hellgrün und verfärben sich zum Herbst bronzerot. Die Rinde ist hellbraun, mit zunehmendem Alter rotbraun. Ihre Borke ist längsrissig und löst sich in langen Streifen ab. Die männlichen Blüten sind in fünf bis zwölf Zentimeter langen Doppeltrauben angeordnet, die unscheinbaren weiblichen Blüten sind zwei Millimeter lang. Dagegen werden die kugeligen Zapfen zwei bis drei Zentimeter groß, sind zunächst

Borke der Sumpfzypresse

grün, verholzen und werden zum Herbst hin braun. Deren Schuppen sind traubig angeordnet, der Samen ist unregelmäßig dreieckig und trägt acht bis fünfzehn Millimeter lange Flügel.

Einige Sumpfzypressen im Bonner Raum sind als Baumdenkmäler geschützt:

■ An die 120 Jahre alte, 22 Meter hohe Sumpfzypresse mit einem Durchmesser von 85 Zentimetern und einem Umfang von 2 Metern im Stadtpark an der Rigal´schen Wiese in Bad Godesberg.

■ Eine weitere 90 Jahre alte Sumpfzypresse in Bad Godesberg in der Moltkestraße rechts neben dem Ulmenhaus mit einem Durchmesser von 90 Zentimetern und einem Umfang von 2,2 Metern.

■ Zwei Sumpfzypressen auf dem Grundstück Reuterstraße 2b, im Garten des Pharmakologischen Instituts der Universität Bonn (ehemaliger Park der Villa Soennecken), jeweils 70-80 Jahre alt, 30 Meter hoch, mit einem Durchmesser von 100 bzw. 80 Zentimetern und einem Umfang von drei bzw. zweieinhalb Metern.

Sehr prägnante Standorte weisen die Sumpfzypressen am Rand des Weihers im Botanischen Garten Bonn sowie am Teich von Schloss Auel bei Lohmar auf. Besonders auffällig ist beispielsweise auch die Solitär-Sumpfzypresse im Burggraben am Herrenhaus der Burg Heimerzheim.

Nadeln der Sumpfzypresse

EINGEBÜRGERTE NADELBÄUME

TSUGA

Tsuga (Hemlocktanne) auf dem Poppelsdorfer Friedhof

Zur Gattung Tsuga der Familie der Kieferngewächse (*Pinaceae*) zählen fünfzehn immergrüne Arten, die in Nordamerika und Ostasien beheimatet sind. Die für Garten- und Parkgestaltung interessante Art, die Kanadische Hemlocktanne (*Tsuga canadensis*), fand bereits um 1730 den Weg zurück nach Europa, denn vor der Eiszeit waren diese immergrünen Nadelbäume hier weit verbreitet.

Die Westliche Hemlocktanne (*Tsuga heterophylla*) ist die größte unter den Tsuga-Arten. Sie ist an der Westküste Amerikas von Alaska bis zum nördlichen Kalifornien beheimatet. Die Westliche Hemlocktanne wird in ihrer Heimat bis 70 Meter hoch und erreicht einen Stammdurchmesser von zwei Metern.

Eigentlich hat diese Art gar keinen richtigen deutschen Namen und so blieb es entweder nur bei dem Gattungsnamen „die Tsuga", denn der Artname „Verschieden-blättrige Tsuga" war schon wieder zu lang. Tsuga ist als Name japanischen Ursprungs und die Übersetzung „Schierlingstanne" oder „Westliche Schierlingstanne" kann leicht zu Verwechslungen führen. Zu den Tannen gehört sie nicht und der ihren Nadeln zugeschriebene Duft nach Schierling bringt wenig Aufklärung. Ähnlich ist es mit der Bezeichnung „Westliche Hemlocktanne" oder „Westlicher Hemlock", denn das wiederum ist lediglich der englische Name für Schierling. Deshalb sagen Engländer, Kanadier und Amerikaner kurz und bündig „Western Hem-

lock". Diese Baumart wurde erst 1826 in Nordamerika entdeckt, 1851 kamen dann die ersten Pflanzen nach Europa.

Das Interesse der forstlichen Nutzung an der Westlichen Hemlocktanne erwachte erst sehr spät. Doch schon die Preußische Forstliche Versuchsanstalt legte Probeflächen dieser interessanten Baumart an, beispielsweise in Diez an der Lahn, von denen leider nur Einzelexemplare überlebten.

Die Westliche Hemlocktanne bildet eine schmale Krone mit hängenden Ästen aus. Ihre Nadeln sind glänzend dunkel- bis gelbgrün, die Unterseite erscheint durch zwei Spaltöffnungsstreifen deutlich heller. Ihre Rinde ist im Jugendstadium dunkel orange-braun und wird bei älteren Exemplaren graubraun mit tief gefurchter schuppiger Oberfläche.

Die kleinen Knospen der einhäusigen Westlichen Hemlocktanne haben Eiform. Die kugeligen gelblichen, etwa fünf bis sechs Millimeter langen, männlichen Blüten sitzen ab April in den Blattachseln. Die weiblichen Blüten sind ungestielt, purpurrot, von gleicher Länge und sitzen aber stets endständig. Die nur 30 Millimeter großen Fruchtzapfen mit ihren dünnen, papierartigen Zapfenschuppen, reifen im folgenden September/Oktober und fallen im Sommer des zweiten Jahres ab.

Die Tsuga ist in ihren Holzeigenschaften denen der Fichte ähnlich. Diese Ähnlichkeit machte sie für die in Mitteleuropa artenarme Baumartenpalette wahrscheinlich besonders interessant. Nach dem Zweiten Weltkrieg wurde sie in Nordrhein-Westfalen verstärkt angebaut. Tiefgründige und nährstoffreiche Böden sowie genügend Luftfeuchtigkeit kommen der im Halbschatten gedeihenden Baumart sehr entgegen. Diese Eigenschaften prädestinieren sie als Mischbaumart. Bei dem weißlich bis gelblichbraunen Holz ist der Unterschied von Kern- und Splintholz kaum erkennbar. Von gleichmäßiger Struktur trocknet es langsam und bewahrt dann eine gute Stabilität. Es ist harzfrei, von mattem Glanz in jeder Schnittebene und lässt sich gut bearbeiten. Allerdings ist Tsuga-Holz schwer zu spalten. Dafür kann man es gut polieren und lackieren. Die langen Fasern im Tsuga-Holz machen es für die Herstellung von Zellstoff, Papier und Platten ebenso wie für Täfelungen an Wänden und Decken besonders geeignet. Als Weihnachtsbaum oder Schmuckgrün ist die Tsuga ungeeignet, da sie – im Raum stehend – schon bald nadelt.

In Gärten, in Anlagen und in Parks trifft man die Westliche Hemlocktanne als ausgesprochenen Waldbaum selten an, andere Tsuga-Arten dagegen schon eher, so vor allem die Kanadische Hemlocktanne. Ihre Gartenarten sind als Solitär, in Gruppen, als Sicht- und Windschirm, Unterwuchs oder als Hecke gefragt. Die Zwergformen *„Nana"* und *„Pendula"* werden häufig verwendet; ebenso die säulenförmige schlanke *„Fastigiata".*

Wie viele andere Baumarten auch, waren die Hemlocktannen noch im Erdzeitalter des Tertiär bei uns heimisch. Mit den vor zwei Millionen Jahren einsetzenden Eiszeiten verschwanden sie bis zu ihrer aktuellen Wiedereinbürgerung.

Eine 120jährige Westliche Hemlocktanne im Rigal'schen Park in Bad Godesberg steht unter Denkmalschutz. Sie ist 25 Meter hoch und hat einen Stammdurchmesser von mehr als zwei Metern.

Zapfen der Tsuga

WEIHRAUCHZEDER

Weihrauchzeder im Kurpark von Bad Neuenahr

Die Kalifornische Flusszeder (*Calocedrus decurrens*) ist weder auf Flusstäler beschränkt noch eine Zeder. Der bei uns auch als Weihrauchzeder bezeichnete Nadelbaum ist eine Art der Gattung *Calocedrus* (Weihrauchzedern) aus der Familie der Zypressengewächse (*Cupressaceae*) mit drei immergrünen Arten. Zwei davon stammen aus Ostasien – Taiwan und Zentralchina – und eine aus den Vereinigten Staaten (Pazifikküste). Der typische Mischwaldbaum bevorzugt nährstoffreiche Böden mit ausreichender Feuchtigkeit. Bei uns wird die Weihrauchzeder gern als Parkbaum gepflanzt. Ein prächtiges Exemplar steht beispielsweise im Kurpark von Bad Neuenahr. Eine Baumgruppe von Weihrauchzedern wächst im Härle-Park am so genannten Maar, ein sehr altes Exemplar mit dem eingewachsenen Namensschild „Ruchzeder" im Redoutenpark Bad Godesberg. Der heutige Exot ist eigentlich ein Rheinländer – im Erdzeitalter des Miozän gebildete Braunkohle zeigt hier bereits Fossilien.

In seiner Heimat kann die Weihrauchzeder über 70 Meter hoch und bis tausend Jahre alt werden. In Mitteleuropa gibt es immer wieder Versuchsanbauten, so auch beispielsweise in Nordrhein-Westfalen. Der schlanke, säulenartig wachsende Baum wird bei uns in mittleren Lagen bis zu 30 Meter hoch. Sein Wuchs ist säulenförmig, der Stamm gerade wachsend mit kegelförmig aufrechten Ästen. Die flachen Nadeln sind fächerförmig angeordnet. Ihre dunkle, längsfurchige Schuppenborke zeigt prägnante Vertiefungen, die sich plattenartig lösen können. Gelbe männliche Blüten entwickeln sich schon im Winter an den Triebspitzen, die kaum fünf Millimeter großen weiblichen Blüten bleiben unscheinbar. Während der Samenreife von August bis September neigen sich die kaum 2,5 Zentimeter großen fleischigen Zapfen mit ihren drei Schuppenpaaren nach unten, nehmen eine bläulich grüne Farbe an, spreizen sich weit auseinander und entlassen die breit geflügelten Samen. Dabei ist aber nur das mittlere Schuppenpaar, das ein oder zwei Samenanlagen trägt, fruchtbar.

Das leichte Holz der Weihrauchzeder ist gradfaserig und neigt daher kaum zum Splittern. In Amerika wird das Holz bevorzugt zur Herstellung von Bleistiften verwendet. Wegen seines hellen Splints und des rötlichen Kernholzes wird es in ihrer Heimat im Innenausbau sowie in der Kunsttischlerei verwendet. Im Hausbau nutzt man das Holz für Dach- und Wetterschutzschindeln.

Reifer Zapfen

ZEDERN

Atlaszeder im Botanischen Garten

Die vier Zedernarten bilden eine eigene Gattung in der Familie der Kieferngewächse (*Pinaceae*). Sie sind sich botanisch untereinander so ähnlich, so dass davon ausgegangen wird, dass es sich ursprünglich um geographische Rassen einer einzigen Ursprungsart handelt. Es sind immergrüne, schnell wachsende große Gebirgsbäume mit geradem, bis fast in die Spitze durchgehendem Stamm, die bis 40 Meter hoch werden und 1.000 Jahre und älter werden können. Sie bilden eine breite kegelförmige Krone aus, wobei sich die Äste im Alter waagerecht stellen, so dass die Krone eine schirmartige Form annimmt. Zedern sind lichtbedürftig, kommen aber mit weniger Niederschlag aus als andere Kieferngewächse.

Das harte und ausdauernde Holz der Zedern ist seit der Antike sehr begehrt. Es diente zum Bau von Schiffen, für Paläste und Tempelanlagen. In der Bibel und anderen Texten des Altertums spielt die Zeder immer wieder eine große Rolle. Die intensive Nutzung des Zedernholzes begann schon im 3. Jahrtausend v. Chr. Der Zedernholzhandel aus der Küstenstadt Byblos war vor allem für Ägypten wichtig. Jahrhunderte lang unternahmen Assyrer, Babylonier und Perser Expeditionen in das Libanon-Gebirge zum Holzeinschlag oder erlegten den Stämmen in Phönizien und Kanaan Tributzahlungen in Form von Zedernholz auf. Durch den Raubbau an den Zedernbeständen des gesamten Mittelmeerraums schrumpften diese bereits in der Antike bis auf Bestände in unwegsamem Gelände, so dass bis heute dort nur noch Reststandorte vorhanden sind.

Drei der vier Zedern-Arten haben ihren Lebensraum im östlichen Mittelmeer, die vierte Art im westlichen Himalaya. Die Atlas-Zeder (*Cedrus atlantica*) wächst auf isolierten Standorten des Atlas- und Rifgebirges in Algerien und Marokko in Höhenlagen von 1.000 bis 2.000 Metern. Die Zypern-Zeder (*Cedrus brevifolia*) wächst an zwei Standorten auf der Insel Zypern. Die Libanon-Zeder (*Cedrus libani*) wächst entlang der türkischen Mittelmeerküste bis in den Libanon. Sie ist die geschichtsträchtigste aller Zedernbäume und im Wappen sowie der Flagge des Staates Libanon verankert. Die Himalaya-Zeder (*Cedrus deodara*) findet sich im Himalaya, im Hindukusch und im nordwestlichen Indien. Schon lange werden die winterharten Zedern mit ihren nur geringen Ansprüchen an den Standort in Parks und Gartenanlagen gepflanzt, wo sie einzeln stehend zu majestätischen Bäumen heranwachsen.

Libanon-Zeder

Die Libanon-Zeder kann sogar an die 50 Meter hoch werden und der Stammdurchmesser über zwei Meter erreichen. Mit ihrem geraden Stamm war sie ideal für den Schiffbau, was die Phönizier zur ersten großen Seefahrervolk der Antike machte. Ihre silbrig-grauen, abgeflacht vierkantigen Nadeln sind zwei Zentimeter lang. Sie bilden sowohl Langtriebe als auch Kurztriebe aus, wo sie an letzteren in Büscheln wachsen. Die Nadeln verbleiben sechs bis zehn Jahre am Baum. Die Borke der Libanon-Zeder ist schwarz-grau und reißt schuppig auf. Zapfen entwickeln sich ab dem 20 bis 30. Lebensjahr. Die aufrecht stehenden, schmalen männlichen Blüten treten ab Juni in großer Zahl auf. Die circa acht Millimeter langen, bläulich-grünen weiblichen Blütenzapfen erscheinen ab September aufrecht stehend an den Enden von Kurztrieben. Ab November reifen die Zapfen tonnenförmig auf eine Länge von sieben bis elf Zentimetern bis zu einem Durchmesser von vier bis sechs Zentimetern heran. Die Zapfen zerfallen nach der Reife in den folgenden Wintermonaten und streuen dabei ihre Samen aus.

Himalaya-Zeder

Die gegenüber den anderen Zedern-Arten standortferne Himalaya-Zeder erreicht in ihrer Heimat Höhen bis zu 60 Metern, bei uns nur eine Höhe von 25 Metern. Ihre Krone bleibt stumpf kegelig. Ihre grau-grünen Nadeln sind bis zu fünf Zentimeter lang, ihre Zapfen eher ei- als tonnenförmig. Im Gegensatz zu den anderen Zedernarten meidet sie kalkhaltige Böden.

Atlas-Zeder

Die Wuchsform der Atlas-Zeder ist sehr individuell, so dass es oft schwer ist, diese von den anderen Zedern-Arten zu unterscheiden. Generell kann aber von diesem bis

zu 50 Meter hohen Baum gesagt werden, dass er zunächst locker-kegelförmig mit aufrechtem Gipfeltrieb ist und im Alter eine unregelmäßige, oft mehrstämmige Krone ausbildet.

Zypern-Zeder

Die Zypern-Zeder kommt ausschließlich auf der Insel Zypern vor und dort nur in einem eng begrenzten Lebensraum. In einigen Tälern des westlichen Troodosgebirges die schönsten Exemplare, so vor allem im so genannten „Tal der Zedern". Die Bestände sind inzwischen so stark zurückgegangen, dass die Art bereits als gefährdet gilt. Von einigen Botanikern wird die Meinung vertreten, dass diese auf Zypern vorkommende Art eben doch „nur" eine geographische Variante der Libanon-Zeder ist. Der Hauptunter-

Libanonzeder im Botanischen Garten

schied zwischen beiden Arten ist die Größe der Nadeln. Wie es der Name vermuten lässt, sind die von *Cedrus brevifolia* etwas kleiner als die von *Cedrus atlantica* auf dem Festland. Die Zypern-Zeder wird auch nur 20 Meter hoch.

Großartig stellen sich die verschiedenen Zedern-Exemplare im Botanischen Garten Bonn dar. Hier, aber auch an anderen Standorten des Bonner Raums stehen Zedern unter Denkmalschutz:

■ Eine 80jährige Atlas-Zeder mit einem Stammumfang von fast drei Metern steht auf dem Venusberg im Vorgarten der Friedrichsruhe, ein weiteres gleichaltriges Exemplar auf dem Gelände Adenauer Allee 120-22, dem ehemaligen Bundesratsgebäude, ein 120jähriges Exemplar mit 3,4 Metern Stammdurchmesser im Park der Villa Camphausen in der Mainzer Straße.

■ Eine 70jährige Libanon-Zeder steht im Vorgarten des Hauses Endenicher Allee / Ecke Humboldtstraße.

Zapfen der Libanonzeder

■ Ein sogar 150jähriges Exemplar der Libanon-Zeder findet man vor dem Haus Gartenstraße 4 in Bad Godesberg.

■ Eine 120jährige Libanon-Zeder steht im Park der Villa Carstanjen.

■ Die beiden Libanon-Zedern mit drei bzw. dreieinhalb Metern Stammdurchmesser im Park des Pharmakologischen Instituts, der ehemaligen Villa Soennecken sind 80 Jahre alt.

■ Im ehemaligen Soennecken-Park gibt es eine 50jährige Atlas-Zeder.

■ Zwei weitere 100 bzw. 120 Jahre alte Atlas-Zedern stehen auf einem Privatgelände in Bad Godesberg zwischen der Luisenstraße und der Rheinpromenade.

■ Eine Besonderheit stellt die Libanon-Zeder in Bad Honnef in der Bernhard-Klein-Straße dar - dieser 200 Jahre alte Baum fällt durch seine ungewöhnliche Vielstämmigkeit auf. Von seinen neun Stämmen hat einer sogar einen Umfang von zweieinhalb Metern.

Besonders imposante Zedern-Exemplare findet man auch an anderen Stellen, so beispielsweise eine große Libanon-Zeder vor dem Geologischen Institut in der Nussallee, eine schöne breitkronige Zeder vor dem Kleinen Theater in Bad Godesberg sowie nicht zuletzt auf vielen Friedhöfen in Bonn und im Umland.

ZYPRESSEN

Zypresse im Botanischen Garten, Poppelsdorf

Wer kennt nicht die Zypresse als Charakterpflanze der Toskana. Sie vermittelt das Bild einer traumhaft schönen Landschaft, von Garten- und Weinkultur. Hier handelt es sich um die Trauerzypresse (*Cupressus sempervirens*). Im mitteleuropäischen Klima wird bevorzugt die Baumzypresse (*Cupressus leylandii*) angepflanzt.

Zypressen sind offensichtlich in der frühen Antike nach Europa gebracht worden. Im alten Griechenland spielen sie in der Mythologie eine große Rolle und gelten als Attribut verschiedener Gottheiten. Bis heute werden Zypressen als Zierbäume in Gärten, Parks und Tempelanlagen angepflanzt, gelegentlich auch auf Friedhöfen.

Die Baumzypresse ist eine intergenerische Kreuzung zwischen den zwei Gattungen der Monterey-Zypresse (*Cupressus macrocarpa*) und der Nootka-Scheinzypresse (*Chamaecyparis nootkatensis*), die auch Alaska-Zeder genannt wird. Es ist ein schnellwüchsiger großer Baum mit einer bis zum Boden reichenden Verzweigung und durchgehendem Stamm. Typisch ist die säulenförmige Gestalt. Sie ist wenig anspruchsvoll an den Boden.

Die Baumzypresse wird gern als Hecke eingesetzt. Ihr Vorteil gegenüber anderen Heckenpflanzen besteht im schnellen Wachstum dieser Zypressenart. Außerdem bildet sie eine sehr dichte Hecke, weshalb sie nicht nur einen ausgezeichneten Sichtschutz, sondern auch einen hervorragenden Windschutz bietet. Außerdem ist sie relativ schattenverträglich. Sie wächst zu einem hohen Baum mit fast waagerecht abstehenden Ästen heran, wenn sie nicht beschnitten wird, und erreicht dann eine Wuchshöhe von 20 bis 30 Metern. In dieser Größe gibt die Baumzypresse einen imponierenden Solitärbaum ab.

Die Nadeln der Baumzypresse sind dunkelgrün und schuppig, ihre Rinde ist rotbraun. Die Blüte tritt als Kätzchen auf. Sie bildet braune Fruchtzapfen. Aus den Nadeln, Blättern, Trieben und Zapfen gewinnt man Zypressenöl, das vor allem homöopathisch gegen Kopf- und Gelenkschmerzen verwendet wird sowie in der Kosmetik- und Parfümindustrie eingesetzt wird. Das haltbare Holz der Zypresse ist dichtfaserig und von leicht rötlicher Farbe. Einige Arten, wie etwa die Monterey-Zypresse werden auch des Holzes wegen angebaut.

Wie von anderen Baumarten, gibt es auch von den Zypressen vielfältigste Gartenformen. So steht beispielsweise im Botanischen Garten Bonn die Gartenform *Cupressus sempervirens* 'Stricta' als Säulenform.

Zapfen einer Zypresse

Ebenfalls in der Edition Lempertz erschienen:

Christian Griesche, Hans Otzen

Mit Nordic Walking durchs Jahr
12 interessante Touren rund um Köln/Bonn

Mit einer Einführung in das Nordic Walking von Heide Ecker-Rosendahl (Olympiasiegerin und ehemalige Weltrekordhalterin im Weitsprung und Fünfkampf), empfohlen von Wolfgang Prohl und Irmgard Förster, Deutscher Nordic Walking/ Nordic Inline Verband e.V. (DNV)

Softcover, Format 12,5 x 19,5 cm,
240 Seiten, mehr als 90 Farbfotos,
mit 12 Detailkarten und einer Gesamtkarte
ISBN 978-3-939908-82-1
€ (D) 15,00 / € (A) 15,40 / SFR 24,50

Karl-Friedrich Amendt

Rheinische Wegkreuze

Viele der Botschaften, die uns Wegkreuze vermitteln, sind uns heute leider nicht mehr ohne weiteres verständlich. Sie drücken sich in der künstlerisch-handwerklichen Gestaltung, den Symbolen, Inschriften und nicht zuletzt in ihrem Standort aus.
Der Autor K.-F. Amendt entschlüsselt diese Details und bezieht in seine Betrachtungen das Bestattungswesen, den Totenkult, religiöse Vorstellungen und das vor uralten Zeiten entstandene Brauchtum mit ein. Dieses Buch gewährt über das Mittelalter hinaus einen tiefen Einblick in die Geschichte unserer Umgebung.

Softcover, Format 125 x 194 mm,
120 Seiten, zahlreiche farbige Bilder
ISBN 978-3-941557-52-9
nur € (D) 9,95 / € (A) 10,30 / SFR 18,90

Mein Grün – ein Ort, an dem wir Gemeinsamkeiten pflegen.

Jeder Mensch wünscht sich einen Ort, der ihn zum Verweilen einlädt und der Welt dabei ein grünes Gesicht verleiht. Schon ein einzelner Baum an der Straße oder im Garten schafft einen solchen Ort. Er ist ein kleines Biotop und ein grüner Akzent inmitten der Stadt: Ob schattenspendende Allee, Stadtwald oder die Eiche hinterm Haus: Ihr Landschaftsgärtner liefert nicht nur die Ideen, er sorgt auch für die fachgerechte Pflanzung und übernimmt die professionelle Baumpflege, damit Ihr Grün auch in Zukunft gesund und vital bleibt. Achten Sie auf unser Zeichen.

Für nähere Informationen rufen Sie uns an: **0180-14 25 222** (0,046 €/Min.). Sie finden uns auch im Internet unter:

www.mein-traumgarten.de

Ihre Experten für Garten & Landschaft